STORECATS IN NY

ニューヨークの看板ネコ

老舗ホテルから、レコードショップまで。
クールに、かわいく、のんきに暮らすNYの店猫44匹!

仁平 綾

X-Knowledge

アイラブ、ニャンヨーク。

ニューヨークといえば、犬。
"アメリカ人＝犬好き"の思いこみからか、セントラルパークで犬の散歩をするニューヨーカーの印象が強いからか。あるいは、セレブ＆犬のお決まりな組み合わせからかはわからないけれど、NYに暮らす前から、そんなイメージを勝手に抱いていた私。
ところが、実際に住み始めてしばらくして、NYは猫天国でもある、という確信を得たのでした。

野良猫こそいませんが（特にマンハッタンは、すぐに通報または保護され施設に送られる、と友人談）、街中のデリの商品棚にふてぶてしく居座る猫や、本屋の本の上でべろんと伸びて爆睡する猫、はたまた友人知人宅に暮らす、お気楽奔放な家猫たち…。気づいたら猫まみれ。
なぜかといえば、NYはものすごい数のねずみに支配されている場所だからなのですね。デリの主人の多くは、ねずみよけのために猫を飼っているし（見つかったら罰金にも関わらず）、

　友人知人たちも「ねずみ対策で、猫飼ってるの」とあっけらかん。

　そうしていつしか、NYでの私の楽しみのひとつに、"看板猫詣で"が加わったのでした。ブルックリンのプロスペクトパークに出かけたら、本屋に立ち寄り猫をなで、ウェストビレッジでランチをしたら、帰りにレコードショップの猫にご挨拶。もちろんデリは欠かさずチェックし猫の有無を確認、というように。

　家猫とは違い、ひとくせもふたくせもある看板猫たちに愛着を抱くにつれ「時に怠惰に、時にけなげに働くその姿に、スポットライトを当てたい！」という思いがふつふつとわき、NYのさまざまな店に暮らす看板猫を1冊の本にまとめることにしたのでした。

　タイムズスクエアでも、エンパイアステートビルでも、自由の女神でもない。NYの隠れた観光スポットである看板猫、"ニャン"ヨーカーたちを巡るNY旅行なんて、どうでしょうか？

Manhattan

1. BLEECKER STREET RECORDS
2. DAYTONA TRIMMINGS CO.
3. 店名非公表
4. HOLIDAY FLOWERS&PLANTS
5. MOO SHOES
6. DUTCH FLOWER LINE
7. THE CORNER BOOKSTORE
8. CANINE STYLES WESTSIDE
9. RITUAL VINTAGE
10. FLORENCE MEAT MARKET
11. CANINE STYLES DOWNTOWN＊
12. PATRICIA FIELD
13. THE ALGONQUIN HOTEL
14. WINE HEAVEN
15. C.O. BIGELOW APOTHECARIES
16. REMINISCENCE
17. 395 PARKING CORPORATION

Brooklyn

18. COMMUNITY BOOKSTORE
19. WORLD OF FLOWERS
20. BROOKLYN HOMEBREW＊
21. RED LANTERN BICYCLES
22. ANIMAL PLANET
23. ORIENTAL PASTRY & GROCERY
24. PARK SLOPE CANDY SHOP
25. MALKO BROTHERS CO.
26. NYC PET
27. EIGHT OF SWORDS TATTOO
28. 5TH AVENUE KEY SHOP

＊残念ながら2015年夏に閉店。看板猫の記録として、本書に掲載しています

※猫の場所はあくまでも目安です。地図で正しい住所を調べてからお出かけください。

CONTENTS

Manhattan
マンハッタン編

- キータ＆シュルツ（レコードショップ） — 8
- リック＆ラック（レース＆リボン店） — 12
- カンチ（ヘルスマーケット） — 16
- タイガー（花屋） — 20
- マーロウ＆ジョージー（靴屋） — 24
- COLUMN 1　マンハッタンの家猫
  - リトル・ボブ・ペイズリー＆ケニー・ダルグリッシュ — 28
- ピーチズ（花屋） — 32
- ハンプトン（本屋） — 34
- ブロードウェイ（ペットショップ） — 38
- ワッフルズ（ヴィンテージショップ） — 40
- フィオレッラ（肉屋） — 44
- シャーキー（ペットショップ） — 46
- COLUMN 2　マンハッタンの家猫
  - ヴォネガット＆シェリー — 48
- カリ（セレクトショップ） — 52
- マチルダ（ホテル） — 56
- ジャック・ダニエル（酒屋） — 60
- アレグラ（ドラッグストア） — 62
- ヴァレンティーナ（ヴィンテージショップ） — 66
- パンチョ（駐車場） — 70
- COLUMN 3　ニューヨーク初の猫カフェ
  - ミャオ・パーラー — 72

8 Cutest Deli & Bodega Cats in NY
- 今日もどこかで、デリ猫詣で。 — 76

Brooklyn
ブルックリン編

- タイニー（本屋） — 80
- ビューティー（花屋） — 84
- マリス（自家醸造専門店） — 86
- ランドシャーク（自転車屋＆カフェ・バー） — 90
- COLUMN 4　ブルックリンの家猫
  - ジギー — 94
- コービー＆シーシー（ペットショップ） — 98
- モシモシ＆タイガー＆フィッレ（食材屋） — 100
- シバ（売店） — 104
- キミ＆アンバー＆子猫たち（食材屋） — 106
- セーラム＆ミニー（ペットショップ） — 110
- COLUMN 5　ブルックリンの家猫
  - チャーリー・ペッパー — 112
- ベイビーディー（タトゥーショップ） — 116
- メディコ（鍵屋） — 120
- COLUMN 6　猫オタクたちが集う祭典
  - ミャオ・デイ — 122

撮影　松村優希
デザイン　細山田光宣、蓮尾真沙子
　　　　　（細山田デザイン事務所）
イラスト　ミヤタチカ
編集　別府美絹（x-knowledge）
協力　Robert Nathan Davis、臼井佳恵

※ショップデータにあるbet.はbetweenの略です。
猫の年齢等のデータは、取材時（2015年1月～6月）のものです。

※本書にある店舗の情報は、2015年7月現在のものです。

MANHATTAN
マンハッタン

世界中にファンのいる、気品あふれるホテル猫から、
リボン屋に住まうXLサイズの兄弟猫まで。
大都市マンハッタンで、
今日もマイペースに働くニャンヨーカーたちです。

KEETAH & SCHULTZ
キータ & シュルツ

レコードショップ

BLEECKER STREET RECORDS
ブリーカーストリート・レコーズ

キータ
メス
10歳

シュルツ
オス
7歳

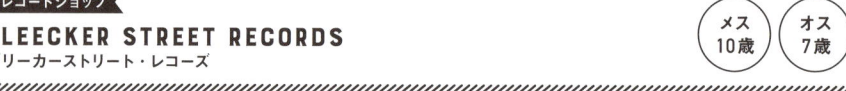

「かっこいいことしてるだけじゃ、
幸せになれないよ。」
（ボブ・ディラン／ミュージシャン）

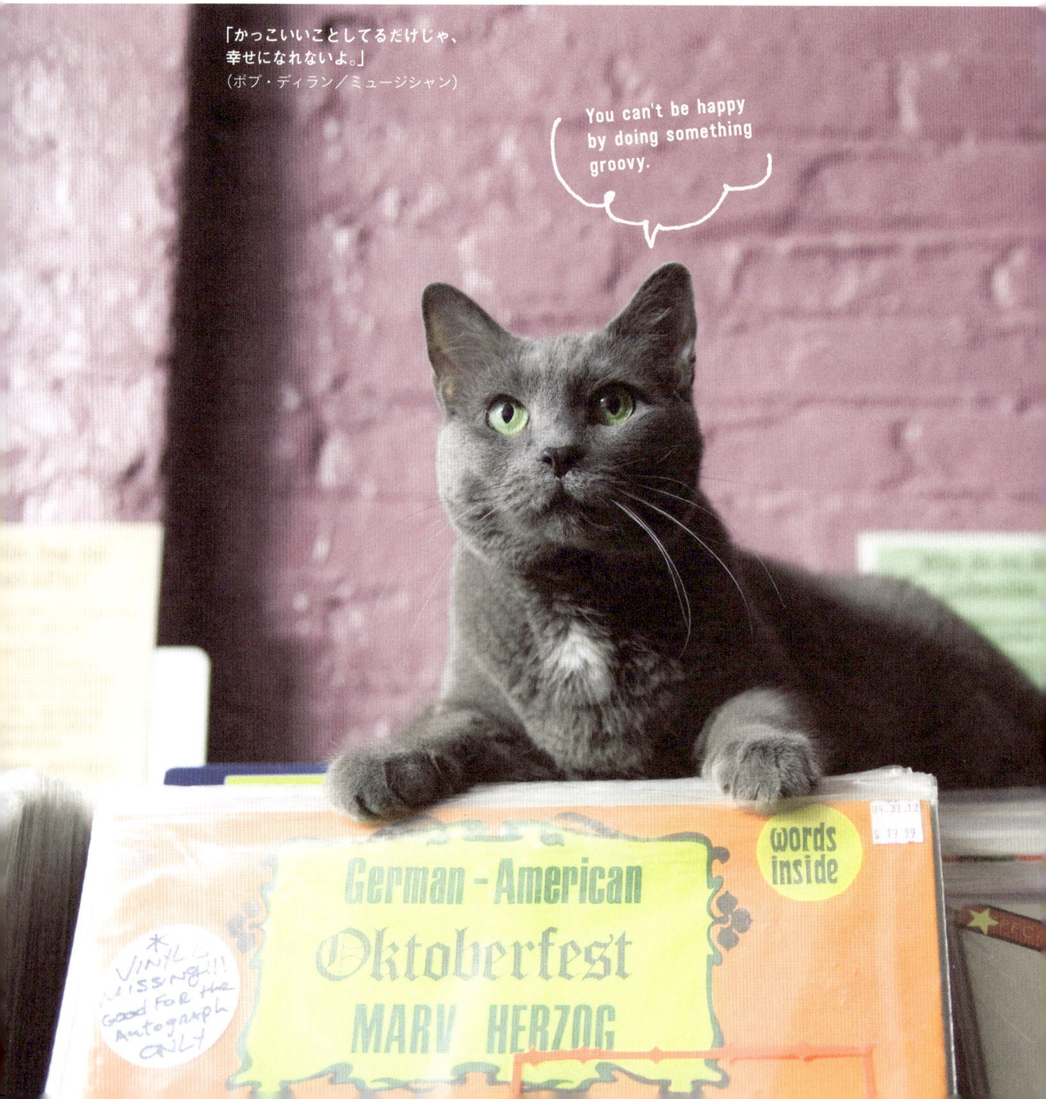
You can't be happy by doing something groovy.
German-American
Oktoberfest
MARV HERZOG
words inside

キータを抱くピーターさん。スピーカーからの爆音にも、ミラーボールのきらきらにも動じないキータは、この店のベテラン看板猫

ぽっちゃり先輩猫と、三白眼の新米猫コンビ

　猫詣でに訪れる人、後を絶たず。それも世界各国から。というのがここ、ブリーカーストリート・レコーズです。かつては3匹、その後2匹、そして1匹になり、また2匹に、とオープン以来、常に看板猫と共にある店。7年前、店に引き取られたキータはグレーのぽっちゃりなメス猫。実は、兄猫Kitty（キティ）と一緒にこの店で看板猫を務めていたのだけれど、キティは昨年天国へ。「キティが店から急にいなくなって、キータは混乱してる感じだったよ。今でもたまに、キティを探すんだ」とは、この店のマネージャー、Peter（ピーター）さん。

Bleecker Street Records
住所　188 W 4th St.
　　　(bet. Barrow St. & Jones St.)
TEL　212-255-7899
営業時間　11:00〜22:00　金土〜23:00

そんなキータに仲間が必要と、オス猫をもらってきたところ、ピーターさんの思いむなしく「2匹は全くそりが合わないんだよ！」。ということで、キータは地下に、オス猫シュルツは1階に、各々ベッドを置いて、なんとか日々いざこざなく店番中。そんなコンビですが、ピーターさんが帰宅時にベッドにおもちゃを置いていくと、「翌朝とんでもない場所から見つかるんだよ。一体、夜中に2匹でどんな遊びをしてるんだろう。レコードかけて、2匹で酒でも飲んでるかもしれないよね（笑）」。想像して思わず爆笑。夜中の看板猫もぜひ見てみたいものです。

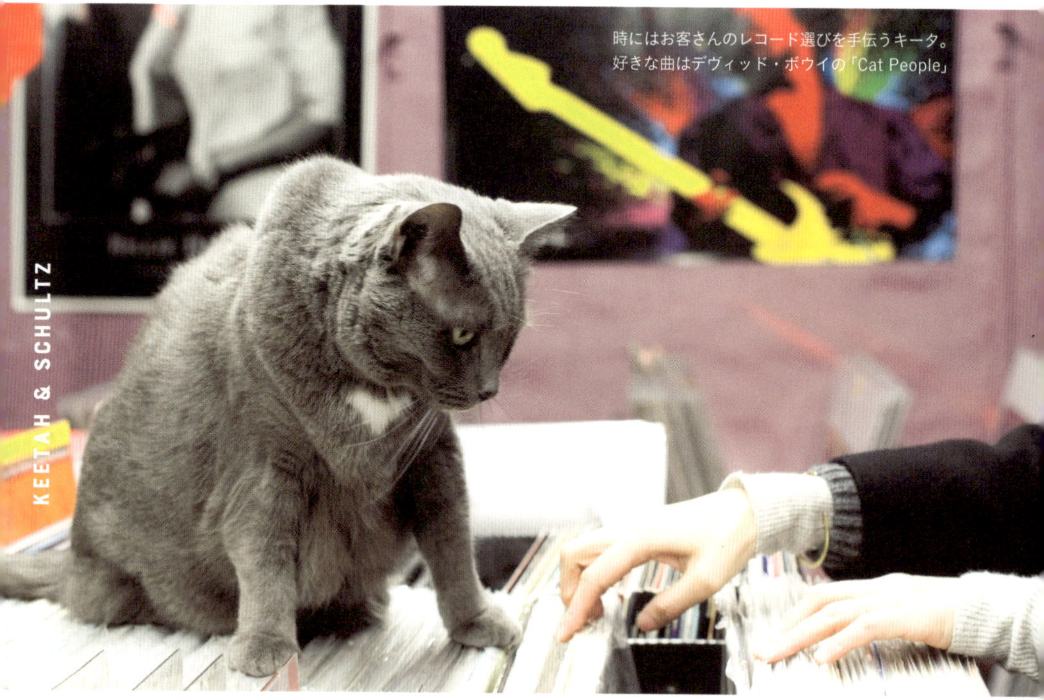

時にはお客さんのレコード選びを手伝うキータ。好きな曲はデヴィッド・ボウイの「Cat People」

KEETAH & SCHULTZ

地下1階のレコード売り場が、キータの縄張りです

▶ AREA マンハッタン／ウェストヴィレッジ　011

「しょうがないことのために
起きてないで、もう寝なよ!!」
（アンディ・ルーニー／ジャーナリスト）

Go to bed.
What you're staying
up for isn't worth it.

音楽CDの上にどっかり座り、昼寝するシュルツ。商品は大切に！

1 三白眼でじとーっと外を見ながら、入り口でお客さんを待つシュルツ　2 オリジナルの猫Tシャツ（15ドル）は人気のため、ただ今、品薄状態

RICK & RACK
リック&ラック

レース&リボン店

DAYTONA TRIMMINGS CO.
デイトナ・トリミングス・カンパニー

リック オス 8歳 / ラック オス 8歳

AREA マンハッタン／ミッドタウン 013

2匹の巨体が、
リボン売り場でお待ちしています

　XLサイズの双子猫、リックとラックは、猫のシルエットをすっかり失った洋梨体型。体重がそれぞれ23パウンド（約10キロ。2匹あわせて、じゃないですよ！）という巨体です。店を訪れると、たいてい2匹とも売り場に不在。「今日もいないなあ」とリボンを品定めしつつ登場を待っていると、突如後ろから感じる視線。くるりと振り向けば、ほんの十数秒前にはそこにいなかった猫が、どっかり座っているのです!!「瞬間移動か!?」という速さ。あれだけ体が重ければ、さぞ動きも鈍いのだろうと思いきや、音もなく静かに機敏に動くので驚きます。

Daytona Trimmings Co.
住所　251 W 39th St. (bet.7th Ave. & 8th Ave.)
TEL　212-354-1713
営業時間　9:00〜18:30、土9:30〜17:30、日休
daytonatrim.com

瓜ふたつの双子猫。さて、どちらがリックで、どちらがラックでしょうか？

014　AREA ▶ マンハッタン／ミッドタウン

RICK&RACK

　お気に入りのリボンの前にごろりと横たわり、重たいお腹を床につけ、上目づかいでお客さんをお出迎えするリックとラック。何度店を訪れても、まったく見分けのつかない2匹ですが、オーナーのNick（ニック）さん曰く「リックは目の周りが白く、ラックは目が黒い」とか。また、「体の色が薄いほうがラック」という従業員からの情報も。ちなみに2匹は正反対な性格で、「リックは社交的で、遊び好き。ラックは人嫌いで頑固」だとか。2匹が同時に見られるのはまれなので、会えた人には、何かとっておきのいいことがあるかもしれませんよ。

「俺は太った怠け者。
でもそれを誇りに思っているのさ！」
（マンガ「ガーフィールド」より）

1 リボンを端から1本ずつ、ころころ転がして全部台無しにする。なんていうこともなく静かに店番中
2「オレの体重、計りたい？」

売り物のリボンのにおいをくんくん嗅いだら、頭をすりすり、ごしごし。「気持ちええ〜!!」

AREA マンハッタン

KANCHI
カンチ

ヘルスマーケット
店名非公表

メス
10歳

太めの隠れキャラ、勤務先は某ヘルスマーケットです

　オーガニック食品、各種サプリメント、ナチュラルコスメなどを扱うヘルスマーケットに、到底似つかわしくない体型の、太めの猫がいるとの情報を得て、向かったのがこちら。「あのぅ、猫いますか?」そんな突飛な私の質問に、一瞬きょとん顔の店員さん。「ああ、こっちだよ」と案内され、サプリメント売り場の奥へ進むと、棚の裏にひっそり置かれている段ボール箱が。コツコツと店員さんが指で箱を叩くと、中でもぞもぞっと毛の塊が動く気配。やがて、のしのしっとあらわれたのが、丸々太ったグレーの猫、カンチでした。

1 商品棚の中にこっそり隠れていることもあります
2 陳列棚に顔をすりすり。そしてペロリ。もうお腹が空いたの?

I do not seek, I find.

「探し求めなくとも、必ず見つかる。」
(パブロ・ピカソ／画家)

018　AREA　マンハッタン

KANCHI

　寝床の箱から出るやいなや、売り場にべたんと座りこむカンチ。その後も、ぼてぼてっと歩いたかと思ったら、ごろりん、どすんと床に寝転がる。その丸々っとした姿が、なんとも愛らしい猫です。店のマネージャーさん曰く「夕方4時から4時半頃が、活発に動く時間帯(たったの30分!)」という、完全ななまけ者。残念ながら、こちらは食料品を扱うお店ゆえ、本来は猫を飼うことは許されていないそうで、お店の名前と場所は非公表。隠れキャラ猫のカンチ、NYで偶然見つけられた人は、相当な強運の持ち主かもしれません。

1 至福のセルフエステタイム中　2 丸々っとした後ろ姿。健康系サプリメントのPRには全く向かない体型　3 カンチ得意の市原悦子ポーズ（by家政婦は見た！）

疲れるからすぐ横になっちゃう。まるでトドのようなその姿がたまりません！

TIGER
タイガー

花屋
HOLIDAY FLOWERS&PLANTS
ホリデーフラワーズ&プランツ

オス
19歳

花屋のすぐ隣にあるホテルの前にちょこんと座る様は、狛犬ならぬ狛猫

ちょいわる、ちょい重い、花屋のモテ男

マンハッタンの28丁目、6th&7thアベニュー界隈はフラワーディストリクトと呼ばれ、切り花から観葉植物までを扱う花屋がずらりと並ぶエリア。猫目撃率の高い場所としても知られるここで一番人気の看板猫が、ホリデーフラワーズ&プランツのオス猫、タイガーです。メインクーンと呼ばれる、体の大きいロングヘアの猫種がミックスされているというタイガーは、御年19歳ながら貫録ある体つき。ねずみを捕獲するための従業員として、この店に雇われ（飼われ）たけれど、春から夏の暖かな日中は、もっぱら店先をふらつき、職場放棄しています。

冬の寒い日や、午後の眠い時間は、店の2階にあるベッドでぬくぬくしています

Holiday Flowers&Plants
住所　118 W 28th St.
　　　(bet. 6th Ave. & 7th Ave.)
TEL　212-675-4300
営業時間　6:00〜17:30　日10:30〜
holidayflowersnyc.com

春夏のタイガーは、ライオンカットと呼ばれるヘアカットを施され、凛々しくもユーモラスな姿

「あなたが愛さない限り、他人があなたを愛することはない。」
（パット・キャロル／女優）

people are not going to love you unless you love them.

AREA マンハッタン/チェルシー 023

1 右手をちょいとあげるのがクセです　2 フラワーディストリクトでは、両脇に花屋が並び、観葉植物からミニサボテンまでが通りに陳列され売られています　3 タイガーの尻尾！

TIGER

　従業員のSari（サリ）さん曰く「タイガーはモテ男」だそうで、タイガーに会うためにわざわざ店を訪れ、惜しみなく愛情を注いでいく人間のガールフレンドが、山ほどいるのだとか。「店の隣にあるホテルのパティオに、椅子とテーブルが並べられると、そこで休憩している人の膝に飛び乗って、重さ19パウンド（約9キロ）の体をずっしり横たえなでてもらうのよ」とサリさん。な、なんて強引なナンパ術なんだ、タイガー！　人間の年齢だと80歳はとうに超えているはずのタイガーですが、まだまだ現役ばりばりのようです。

MARLOWE & GEORGIE

マーロウ & ジョージー

靴屋

MOO SHOES

ムーシューズ

マーロウ オス 12歳

ジョージー メス 8カ月歳

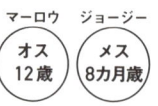

ヴィーガン靴屋に、若手看板猫が加わりました

動物皮革を使わない靴やバッグを扱う、ムーシューズ。カウンターで爆睡している看板猫・マーロウに会いに久しぶりに訪ねると、見たことのないベージュの猫が、スタッフLisa（リサ）さんの肩の上に。もしや猫が2匹に？「そうなの。この子はジョージー。まだ8カ月。とんでもなくフレンドリーな子よ」とリサさん。カウンターには、ジョージー用のベッドもしっかり用意されています。まだ子猫のジョージーは、とにかくやんちゃ。靴を試し履きするお客さんの膝の上に乗ったり、ドアの外にいる鳥を必死に追いかけようとしたり、日々大忙しです。

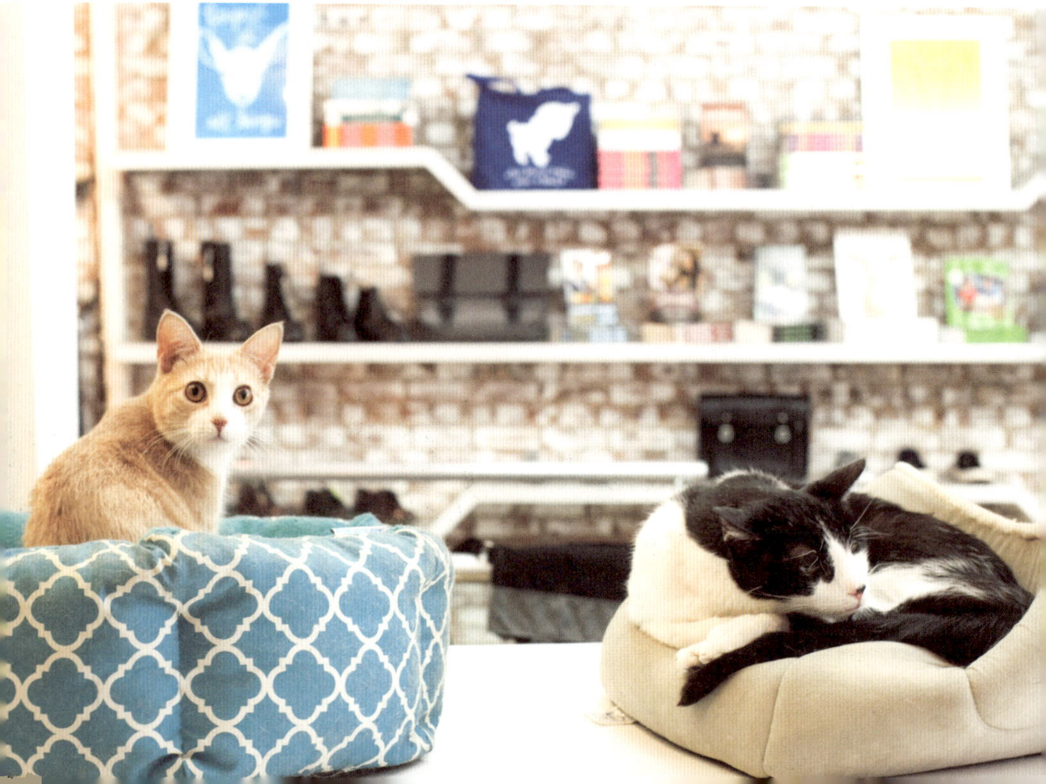

AREA マンハッタン／ロウワーイーストサイド 025

Dressing is a way of life.

1「抱かれるのは嫌だけど、なでられるのは好き」というマーロウ 2 すでにファン多数のジョージー。ハッシュタグもあります #georgiethekitten

「装うことは、つまり生き方。」
(イヴ・サンローラン／ファッションデザイナー)

Moo Shoes
住所　78 Orchard St.
　　　(bet. Broome St. & Grand St.)
TEL　212-254-6512
営業時間　11:30～19:30
　　　　　日12:00～18:00
mooshoes.com

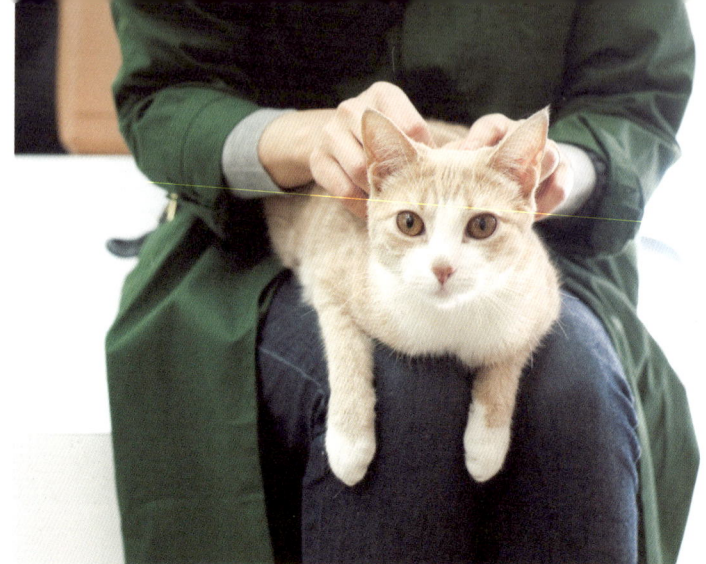

MARLOWE & GEORGIE

　一方、大人のマーロウは、いつものようにベッドの中。活発すぎるジョージーに、「遊び相手が必要ね。もう1匹譲り受けるかも」とリサさん。「ちなみに私たちの店猫は、遊ぶスペースが十分にあって、ゴハンもしっかり与えられているわ。ねずみ退治のためだけに、汚い地下室に猫を閉じ込め飼っている店も、残念ながらあるのだけれど…」。そんなリサさんの話から、不幸な猫たちの境遇を思って、ちくりと胸が痛くなる。「じゃあ、この2匹はニューヨークいち幸せな店猫ですね」と私、「そうね」とリサさん。そんな猫が1匹でも多く増えますように。

AREA マンハッタン／ロウワーイーストサイド 027

If you would be loved, love and be lovable.

「愛されたいなら、愛し、愛らしくあれ。」
（ベンジャミン・フランクリン／政治家）

まさに、箸が転んでもおかしい年頃のジョージー。私の取材用ペンを放り投げたら、大喜びで遊ぶ遊ぶ！

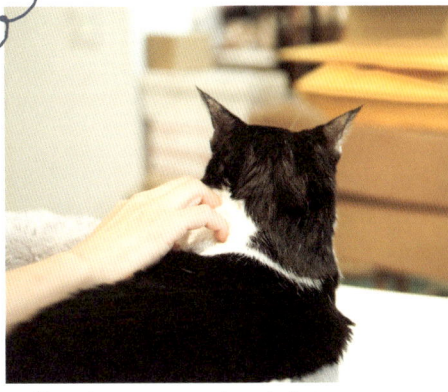

ただ静かになでられている。ジョージーとは対照的な大人猫マーロウ

MARLOWE & GEORGIE

動物皮革不使用のヴィーガンな靴がずらり。アニマルフレンドリーなお店です

COLUMN
マンハッタンの家猫

LITTLE BOB PAISLEY & KENNY DALGLISH

リトル・ボブ・ペイズリー & ケニー・ダルグリッシュ

飼い主：Zia Taylorさん（トレンドディレクター）、
　　　　Andrew Hetheringtonさん（フォトグラファー）
住まい：イーストヴィレッジ

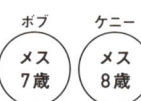

ボブ メス 7歳
ケニー メス 8歳

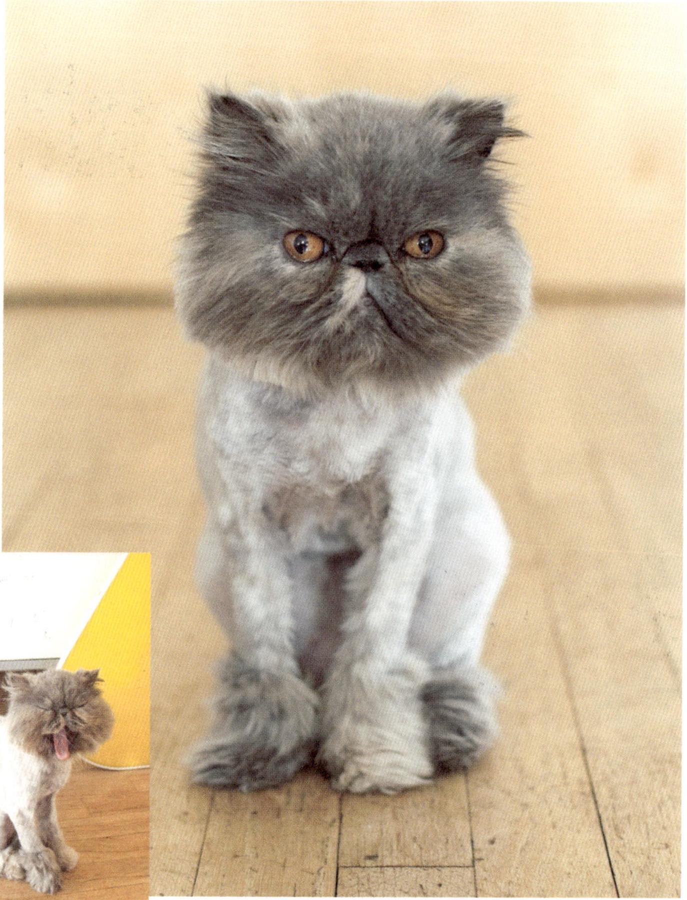

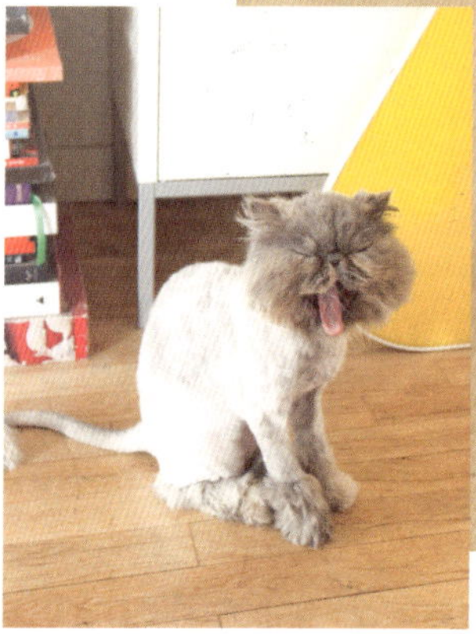

撮影中に大あくび。寝るときはブルドッグ犬のような、すごいいびきをかくらしい

グレムリンに似てる、とか、スターウォーズで見たとか、いろいろ言われてるボブ

7歳と8歳のペルシャ猫。
鼻ぺちゃ顔がたまりません

あたしの名前は、リトル・ボブ・ペイズリー。ボブって完全に男の子の名前だけど、女の子なの。パパの大好きなサッカーチーム、リバプールFCのマネージャー、ボブ・ペイズリーからきてるんですって。ちなみに一緒に暮らすお姉ちゃん猫のケニーも、リバプールの選手の名前から。性別関係なく名前を先に決めたってわけね。私もケニーもペルシャ猫。イーストヴィレッジの保護施設からもらわれてきたの。私は7歳、ケニーは8歳。ちなみに仲はあまりよくないのよね。私がケニーにちょっかい出してばっかりだからなんだけど。

飼い主ジアさんに抱かれてご満悦かと思いきや、お互いの存在に気づき、静かにけん制しあっているボブ（右）とケニー（左）

ヘアカットされたボブもチャーミングだけど、ふさふさのケニーもキュート

窓の外の鳥に気を取られているうちに、ケニーに居場所を奪われ、ものすごい顔でにらむボブ

LITTLE BOB PAISLEY & KENNY DALGLISH

撮影にはまったく興味のないケニー。さっさと床に寝転がり、お腹を出して爆睡

ああ、この毛はどうしたのかって？ 毛が長くて絡まっちゃうから、半年に1回、ヘアカットしてもらうの。ケニーは苦手だからしないんだけどね（臆病ものよね!）。ちなみにあたし、モデル猫なの。ママはファッション業界で働いていて、パパはフォトグラファー。そんなわけで、毎年ハロウィーンは、ママお手製のコスチュームを身に着けて、写真撮影会をするってわけ。それだけじゃないの。ファッションブランドの猫カレンダーにも、モデルとして登場したことがあるのよ!

1週間前にヘアカットをしたばかり。特に後頭部は、エッジがきいたスタイル

1 壁に飾られているのは、ニューヨークのブランド「ユナイテッドバンブー」の猫カレンダーに、ボブがモデルとして登場したときの写真 **2** 椅子の上で、はいポーズ！

外には緑の木々が広がり、鳥もたくさんやってくる。ごはんを食べて鳥を観察し、日なたぼっこして…。光がたっぷり差し込む室内は、まさに猫たちの天国

撮影中なのに毛づくろいに夢中。マイペース極まりないケニー

PEACHES
ピーチズ

花屋
DUTCH FLOWER LINE
ダッチ・フラワー・ライン

メス
10歳

花屋の看板娘は、シャイなはにかみ屋さん

　P20のタイガーと同じフラワーディストリクトに暮らすのは、メスのピーチズ。オーナーのCas（キャス）さんが「She is the Best!（彼女が花屋街で一番！）」と豪語する自慢のピーチズは、ちょっとシャイな性格。人の出入りが多い1階ではなく、静かなサボテン売り場と事務所のある2階で主に暮らしています。キャスさんのアシスタントよろしく、書類の上にどっかり座り事務仕事を手伝う（というより妨害する）のが、ピーチズの日課。ちなみにピーチズが好きな花はPeony（芍薬）で、その花言葉「内気なはにかみ屋さん」どおりの性格なのでした。

AREA マンハッタン／チェルシー 033

Dutch Flower Line
住所　150 W 28th St.（bet. 6th Ave. & 7th Ave.）
TEL　212-727-2660
営業時間　5:00〜12:00　土〜11:00　日休
dutchflowerline.com

1 ピーチズに事務仕事を邪魔されているキャスさん。でもとっても うれしそう… 2 キャスさんから芍薬の花をプレゼント

「あなたの夢は、必ず実現できる」
（ウォルト・ディズニー／アニメーター＆実業家）

「考えは深く豊かに、
見た目は質素に。」
(アンディ・ウォーホル／
芸術家)

HAMPTON
ハンプトン

本屋
THE CORNER BOOKSTORE
ザ・コーナー・ブックストア

オス
13歳

老舗書店の店長を務める、おじいちゃん猫

なんともニューヨークらしい、ブラウンストーンの建物の1階。大理石風の床、木製のシェルフ、レリーフの美しい天井。1890年代に建てられた素敵な空間には、丁寧にセレクトされた本がびっしり。「こんな本屋には猫がぴったりだ!」と誰もが思うとおり、店には看板猫のハンプトンが暮らしています。2002年、先代の看板猫、Murphy（マーフィー）が天国へと旅立った後、NY郊外の別荘地・ハンプトンで保護され、この店に引き取られたオス猫。人間でいえば70歳。今はほぼ一日倉庫で寝て暮らし、店舗に勤務するのは限られた時間だけだとか。

「おつり、レシート、よし」。レジ横からスタッフの働きぶりを見つめるハンプトン店長

The Corner Bookstore
住所　1313 Madison Ave.
　　　(at E 93rd St.)
TEL　212-831-3554
営業時間　10:00〜19:00、
土10:30〜18:00、日11:00〜18:00
cornerbookstorenyc.com

036

HAMPTON

Without haste,
but without rest.

「急がずに、でも休みますに。」
(ヨハン・ヴォルフガング・フォン・ゲーテ／詩人)

「若い頃は本棚の上に飛び乗って、活発に動き回っていたんだけど。今はおじいちゃんだからね」と、店員のMatt（マット）さん。ハンプトンをひょいと持ち上げ、レジカウンターの上へ。久しぶりの高みの見物に、得意顔のハンプトン。「彼は自尊心が強いけど、とってものんきな猫なの」とは、同じく店員のKatherine（キャサリン）さん。カウンターから下りたハンプトン、じっと静かに座りながらお客さんを観察したり、働くスタッフを見上げたり。なんだか、縁側のおじいちゃんみたい。ゆっくり平和に時が過ぎてゆく、そんな猫と本屋さんなのでした。

AREA マンハッタン／アッパーイーストサイド 037

1 同僚のキャサリンさん＆マットさんとの会話にも加わります　2 丁寧に選ばれた本が並ぶ美しい書店。ご近所の老若男女でいつもにぎわっています　3「ちゃんと働けよ〜」。レジ横から声をかける場面も　4 年代もののレジと並びクールにポーズをとるハンプトン

HAMPTON

BROADWAY
ブロードウェイ

ペットショップ
CANINE STYLES WESTSIDE
ケイナイン・スタイルズ・ウェストサイド

オス
4歳

人懐っこさ、ぴかいち。ペットショップの好青年

　こちらの看板猫は、キジトラのブロードウェイ。店に入って名前を呼ぶと、ショーウィンドウからひょっこり出てきてご挨拶。「シェルターで保護されていた猫なのだけど、引き取り手がなくて、あと2日で殺されていたところなの」とは、店員のYulina（ユリナ）さん。すんでのところで終の住処を見つけた、ラッキーなブロードウェイは、すりすり、ごろごろ、友好的。時には膝の上に乗ろうとしたり、バッグの中に入ろうとしたり。店員さんやお客さん、みんなに優しくされて幸せに暮らしている模様。安住の地が見つかって良かったね、ブロードウェイ！

> Pain is short, and joy is eternal.

「苦しみは一瞬、喜びは永遠。」
（フリードリヒ・フォン・シラー／詩人）

AREA マンハッタン/アッパーウェストサイド 039

1 商品棚に潜りこんで昼寝したい衝動と戦っています 2「どうも。おはようございます」。レジ横で接客するのもブロードウェイの仕事 3「そろそろ昼寝していい?」。ショーウィンドウの隙間から様子をうかがい中

Canine Styles Westside
住所　2231 Broadway
　　　(bet. W 79th St. & W 80th St.)
TEL　212-799-9799
営業時間　9:00〜18:00　日11:00〜
caninestyles.com

Fashions fade,
style is eternal.

「ファッションは色あせるけれど、
スタイルは永遠だ。」
（イヴ・サンローラン／ファッションデザイナー）

WAFFLES
ワッフルズ

ヴィンテージショップ
RITUAL VINTAGE
リチュアル・ヴィンテージ

オス
3歳

AREA マンハッタン/リトルイタリー 041

ぐっすり寝ているところを狙ってなでようとしたけれど、
瞬時に阻止されました

Ritual Vintage
住所　377 Broome St.
　　　(bet. Mulberry St. & Mott St.)
TEL　212-966-4142
営業時間　12:00〜20:00
ritualvintage.com

洋服好きには夢のような場所に暮らす、わんぱく猫

　駐車場猫のパンチョ（P71）を撮影中、犬の散歩で通りがかった人から「とっておきの看板猫がいるよ」と教えてもらったのがこの店（動物好きの情報網にあらためて感謝!)。「ショーウィンドウでたまに寝ている」という噂の猫は、ヴィンテージショップで暮らすワッフルズ。

「店の女性スタッフが、たまたまゴミ捨て場で見つけて拾ってきたの」と話すのは、オーナーのStacy（ステイシー）さん。店の地下の倉庫で寝たり、レジカウンターの上でのびのびしたり、あるいは店から飛び出て隣近所をうろうろ散策したりと、自由奔放な看板猫です。

042　AREA　マンハッタン/リトルイタリー

WAFFLES

ステイシーさん自ら買い付けたヴィンテージが並ぶ店内。特に力を入れているのは、1950年代以前のもので、手仕事の凝ったデザインとシルエットの美しさが印象的

「ある時、ワッフルズが隣の店から帽子を盗んできてしまって。ごめんなさいって私が返しに行ったのよ。そうそう、この前は、近所の寿司レストランの前で立ち止まって、しきりに入りたそうにしていたから、『それだけはダメよ』ってたしなめるのに大変だったわ」(ステイシーさん)。あれこれ逸話に尽きない、いたずらし放題のワッフルズ。撮影時もわんぱくっぷりは健在で、体をなでようと手を出せば、「おうっ、やるか!?」と言わんばかりに、前脚でパシパシっと何度も応戦。手が焼けるけれど、憎めない。まさにそんな猫なのでした。

飼い主のステイシーさんにも容赦ないワッフルズ。そのふわふわのお腹を触りたいんだよ!

「幸せは、自分次第。」
(アリストテレス／哲学者)

Happiness depends upon ourselves.

WAFFLES

前脚でピシ!バシ! そう簡単にはなでさせてくれない、やんちゃなワッフルズ

We are
what we eat.

「人は何を食べるかで決まる。」
(アデル・デービス／栄養士・作家)

AREA マンハッタン/ウェストヴィレッジ　045

FIORELLA
フィオレッラ

肉屋
FLORENCE MEAT MARKET
フローレンス・ミートマーケット

メス
7歳

肉屋の女ボス猫、店員に猫パンチで喝!

「近所の肉屋に猫がいるよ。肉屋に猫だよ! ありえないよね!?」。P9に登場のブリーカーストリート・レコーズのピーターさんが、そう教えてくれたのがこちら。熟成肉のステーキなどを求め、食通が足を運ぶ小さな名店。この店に暮らすのは、気性が激しいと噂のフィオレッラ。

肉には一切興味を示さず、いつもカウンターの後ろに座り、店員の働きぶりを厳しくチェック。嫌いな店員が前を通ると、突然猫パンチを食らわせることも!「完全にこの店のボス猫よ」とは、店員のMaria（マリア）さん。でも、こんなかわいいボスだったら大歓迎ですけどね。

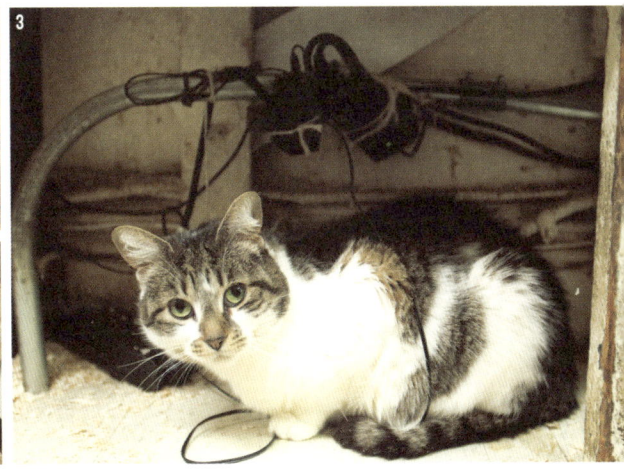

Florence Meat Market
住所　5 Jones St.
　　　(bet. W 4th St. & Bleecker St.)
TEL　212-242-6531
営業時間　8:30〜18:30　土8:00〜
　　　　　18:00　日月休

1 もうすぐ創業80年、対面カウンターの小さな肉屋さん。まな板は毎日削り、床には脂や水分を吸収するためのおがくずをまく。とてつもなく清潔感のある店内　2 ふんが、ふんが。いつもの定位置、カウンターの後ろでにおいのチェック　3 用心深い性格です

046

Don't be so humble, you're not that great.

「なぜ謙遜して振舞うの?
それは偉大な人のみがすることです。」
(ゴルダ・メイア／イスラエル第5代首相)

SHARKY
シャーキー

Canine Styles Downtown
※残念ながら2015年夏に閉店。
P38のウェストサイド店のほか、
アッパーイーストサイドにも
支店が2店舗あり、看板猫がいます
caninestyles.com

ペットショップ
CANINE STYLES DOWNTOWN
ケイナイン・スタイルズ・ダウンタウン

オス
5歳

AREA マンハッタン/ウェストヴィレッジ 047

1 シャーキーの名前の由来は、「サメみたいな色だから。たぶんロシアンブルーとのミックスだと思うわ」（サマンサさん） 2 わがままな性格だけれど、美しいグリーンの瞳に見つめられたら、すべて許してしまう… 3 気が向くとカウンターで電話番

物陰から一撃！ いたずら好きの王子様

こちらは、P38のペットショップと同じオーナーが営む支店。大の猫好きなのに、パートナーが猫アレルギーで猫が飼えないというオーナーが、家ではなく店で猫を飼うことに。そのため全支店に猫がいるそう。ダウンタウン店で看板猫を務めるのは美しいグレーの猫、シャーキー。店員のSamantha（サマンサ）さん曰く「要求が多くてわがままで、自信満々なプリンス的性格」。そんな王子の趣味は食べることと、「棚の中に隠れ、そばを通りすぎる人に猫パンチを食らわすこと！」（サマンサさん）。いたずら好きの、ちょっと困った王子なのでした。

048

COLUMN 2
マンハッタンの
家猫

シェリーの体を愛おしそうになめる、
面倒見のいいお兄さん猫ヴォネガット

VONNEGUT & SHELLEY
ヴォネガット & シェリー

ヴォネガット	シェリー
オス 7歳	メス 1歳半

カメラに怯えて逃げてしまう
シェリー。シナンさんの腕の
中におさまった数秒を激写！

飼い主：Sinan Schwartingさん、Masha Bogushevskyさん
（いずれもBe Fluent NYC代表）、Kayaちゃん
住まい：ミッドタウン

猫2匹と赤ちゃんの、愉快でにぎやかな日常

以前一緒に暮らしていた猫が亡くなった後、ずっとドアのところで帰りを待っていたというヴォネガットは、心優しい猫

　こんにちは。僕の名前は、ヴォネガット。英会話教室を運営するパパとママ、去年からこの家に来た、赤ちゃんって呼ばれる生き物の女の子カヤ、それから妹猫のシェリーとの5人暮らし。僕は元々、ニューヨークのブロンクスで野良猫だったんだけど、人間に助けられてこの家に住むことになったんだ。人間の家はいいよね。美味しいものがいっぱいで。僕の好物は、アスパラガス、オリーブ、パン。サンドイッチも大好き。たまにママが目を放した隙に、キッチンから盗んじゃうんだけど、まあその後は、当然怒られるよね。

ベビーベッドに忍びこんだものの、カヤちゃんの大声に驚き、この後尻尾をまいて退散

ヴォネガットの隠れ場所。もう尻尾をつかんだりしないから、出ておいで!

Cat Whisperer（猫と対話ができる人）との噂があるシナンさん。シェリーもこのとおり、落ちつきました

生後7カ月のカヤちゃんは、猫に興味津々。仲良く手をつなぐことができたね

　妹のシェリーなんて、パパから忍者って呼ばれるぐらい盗みが早くてうまくて、尊敬しちゃうよ。いつも怒られるのは僕ばかり。ちなみにシェリーは、まだ1歳半。僕がたまに体をなめてグルーミングしてあげるんだ。そうそう、ところで赤ちゃんって、なんで大声を出したり、僕の体や尻尾をつかんだりするの？　ほんと参っちゃうんだよね。でもあったかくて、いいにおいがするから、こっそりベッドに潜りこんで一緒に寝るんだ。そうすると、またママが怒るけどね。あ〜あ、なんだって僕ばっかり毎日怒られるんだろうなあ。

VONNEGUT & SHELLEY

「優しくなでてあげてね」とパパに言われヴォネガットのお腹をさわる、真剣な表情のカヤちゃん

シナンさん&ヴォネガットと、マーシャさん&カヤちゃん。残念ながらシェリーはベッドの下です

あれもこれもと、撮影のリクエストに応じたために疲れてしまったヴォネガット。ベッドで熟睡

ヴォネガットの名前は、シナンさんの敬愛する作家、カート・ヴォネガットから

Never complain.
Never explain.

「不平を言わない。言い訳をしない。」
(キャサリン・ヘプバーン／女優)

AREA マンハッタン／ノーホー 053

KARI
カリ

セレクトショップ
PATRICIA FIELD
パトリシア・フィールド

メス
10歳

ある日突然自宅が店になり、店猫になりました

かの有名なスタイリストの店に猫がいる。そんな情報を入手し鼻息荒く向かった先は、ドラマ『セックス・アンド・ザ・シティ』や、映画『プラダを着た悪魔』などでスタイリングを担当し、世界的にも有名なスタイリスト、パトリシア・フィールドさんが営むセレクトショップ。元々は彼女の自宅だったという地階＆1階の建物を、3年前に改装したという店は、ところ狭しとカオティックに服や雑貨が並び、チカチカ、キラキラ、色と柄の洪水状態。性別も国籍も多種多様な人々が連日訪れる店で暮らすのは、メス猫の通称カリちゃんです。

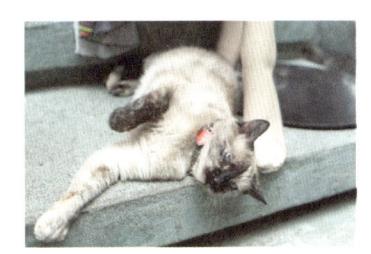

カリちゃんの本名はKariola（カリオラ）。ギリシャ語であばずれという意味だそう…。パ、パトリシアさん？

Patricia Field
住所　306 Bowery
　　　(bet. Bleecker St. & E Houston St.)
TEL　212-966-4066
営業時間　11:00〜20:00　金土〜21:00
patriciafield.com

カリちゃんを抱く、飼育係のレイコさん

AREA マンハッタン/ノーホー

静かな棲家が、ある日突然にぎやかなショップに様変わりし、カリちゃんもさぞ動揺したに違いない…。この店でグラフィックデザイナーとして働き、カリちゃんの飼育係を務めるReiko（レイコ）さん曰く、「カリちゃんは、とっても穏やかな性格。怒っているところを見たことがないぐらい。人間も犬も大好き。でも抱っことゲイは嫌いみたい」（ちなみにショップスタッフは、エッジのきいたファッションに身を包む、ゲイの男性たち…）。お気に入りの場所は、元々中庭だった1階のスペース。昔も今もそこで用を足し、昼寝するのが日課です。

KARI

カリちゃんはNY郊外で拾われた、シャム猫の雑種

キャットニップ（猫用のハーブ。またたびみたいなもの）をもらってご機嫌

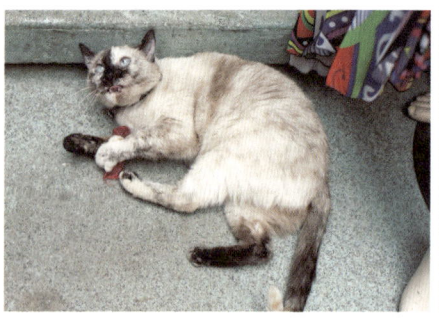

「基本的には良い子。でも商品のスカーフに毛玉を吐いたことがあって。なぜか私が怒られました」(レイコさん)

KARI

ここで用を足し昼寝をする。元々庭だったという、カリちゃんお気に入りの場所

056

In every woman there is a Queen.

「あなたの中にだって、
女王様はいるよ」
（ノルウェーのことわざ）

MATILDA
マチルダ

ホテル
THE ALGONQUIN HOTEL
ザ・アルゴンキン・ホテル

メス
8歳

AREA マンハッタン/ミッドタウン 057

ラグドールという猫種のマチルダ。謁見できる可能性が高いのは、朝6時半か夕方5時半のごはんどきという、限られた時間のみ

The Algonquin Hotel
住所 59 W 44th St.
　　(bet.5th Ave. & 6th Ave.)
TEL 212-840-6800
algonquinhotel.com

老舗ホテルの女王、マチルダ様に会いたくて

　マンハッタン44丁目にあるアルゴンキンホテルといえば、その昔オーナーが野良猫を招き入れて以来、ロビーに看板猫が鎮座するという"猫ホテル"としてあまりにも有名。かつてホテルに滞在した俳優のJohn Barrymore（ジョン・バリモア）の提案により、歴代の猫たちはオスならハムレット、メスならマチルダと命名されることになったといいます。現在は11代目・メスのマチルダ3世がロビーに君臨。「彼女はまさに、クイーンなのよ」と話すのは、ホテルで働き、マチルダのお世話係も務めているAlice（アリス）さん。

HERE!!

MATILDA

1&2 マチルダ専用の特注ベッド。寝床は一番上
3 アルゴンキンホテルには、マチルダからのお手紙などが付く宿泊パックアリ。猫好きさんはぜひ

「部屋に入りたければ、誰かがドアを開けてくれるのを知っているの。Dogs have owners, Cats have staff.（犬には飼い主がいて猫にはスタッフがいる）って言うけれど、まさにそれがマチルダよ」（アリスさん）。カウンターの上に美しく座っていたと思ったら、チェックイン中のお客さまの荷物を踏みつけにして、自分のベッドへ悠々移動するマチルダは、まさに女王の風格。触られるのが嫌い、写真も嫌い。カメラを向けると、顔をくるりと壁側に向け二度と振り向かない。近寄ろうものなら「ふん」と木に登って寝てしまいました。ああ、マチルダ様！

マチルダのFacebookページもあります（Matilda-The Algonquin Catで検索を）

JACK DANIEL
ジャック・ダニエル

酒屋
WINE HEAVEN
ワインヘブン

オス
9歳

男前な酒屋猫。でも寝姿はかわいさを隠せません

「あんた21歳超えてる？ 身分証見せて」。そう言わんばかりに酒屋のカウンターで、お客さまを迎えるのは看板猫のジャック。「性格？ そうねえ。一言で言えば、grumpy（不機嫌）かしら」というマネージャーCatherine（キャサリン）さんの言葉どおり、ちらり上目遣いで、やや怪訝そうに人間を見上げるのがクセ。接客に疲れると、よっこいしょと床に下り、そのままごろんとお昼寝モードに。なんて自由気ままな、俺様生活。でも、それでいいのさ、だって名前がジャック・ダニエル（アメリカ産ウイスキーの有名銘柄）。ハードボイルドがウリですからね。

AREA マンハッタン／ミッドタウン 061

「あんた、なに欲しいの？」商品棚の前から、ぎろり

Wine Heaven
住所　333 3rd Ave.
　　　(bet. E 24th St. & E 25th St.)
TEL　212-726-0033
営業時間　11:00〜23:30
　　　　　日12:00〜21:00
wineheaven333.com

ジャックの好物はかつおぶし。1「おっと、こぼした」2「はん？」3「ん、んめえ」

Life is short;
live it up.

「人生は短い。
おもしろおかしく暮らそう！」
（ニキータ・フルシチョフ／
ソビエト連邦第4代最高指導者）

ALLEGRA
アレグラ

ドラッグストア

C.O. BIGELOW APOTHECARIES
シー・オー・ビゲロウ・アポセカリーズ

メス
8歳

Good medicine tastes bitter.

「良薬は口に苦し。」
(孔子)

取材陣を翻弄する、老舗薬局のおてんば娘

　アレグラ。花粉症の人には、きっとなじみ深いこの名前、そうです、抗アレルギー薬の代表格。それがこの店の看板猫の呼び名です。メス猫のアレグラは、今から170年以上前の1838年に創業し、古くはトーマス・エジソンが訪れ指の治療を受けたという、"アメリカ最古の薬局"に暮らしています。子猫のアレグラがこの店にもらわれてきたとき、当時店で働いていた薬剤師のBobby（ボビー）さんが猫アレルギーに悩まされ、アレグラという名前を付けたのだとか。普段は2階で働く男性外科医、Justin（ジャスティン）さんの机の上で過ごしています。

1階フロアを足早に歩いて店内をくまなくパトロールする、なかなか機敏なアレグラ。撮影するのにひと苦労

C.O. Bigelow Apothecaries
住所　414 6th Ave.
　　　(bet. W 8th St. & W 9th St.)
TEL　212-533-2700
営業時間　7:30〜21:00
　　　　　土 8:30〜19:00
　　　　　日 8:30〜17:30
bigelowchemists.com

AREA マンハッタン／グリニッジヴィレッジ

男性スタッフとは楽しげに遊ぶ、男好きなアレグラ

ALLEGRA

There is always a better way.

「いつだって、
より良い方法がきっとある。」
（トーマス・エジソン／発明家）

「アレグラはジャスティンといつも一緒。男好きなのね。店の空調を修理しに来た男性にもなついていたもの」と話すのは、店員のColleen（コリーン）さん。夕方になるとデスクを離れ、西日の当たるショーウィンドウへ移動し昼寝をするアレグラ。その後閉店前に店内をパトロールするタイミングが撮影のチャンスと聞き、スタンバイ。しかし…用心深いアレグラは、姿を見せず。コリーンさんが、おもちゃやおやつで必死に誘導し、やっと姿を見せても、すぐにすたこら逃げてしまう。われら女子には冷たいアレグラ、かなり翻弄されました。

ALLEGRA

1 ショーウィンドウへの入り口はこちらです　2 デスクのある2階から、警戒して見下ろすアレグラ　3 天井まで続く立派な木製棚。カルバン・クラインやリヴ・タイラーなどの著名人も常連客です

066　AREA　マンハッタン／グリニッジヴィレッジ

VALENTINA
ヴァレンティーナ

ヴィンテージショップ
REMINISCENCE
レミニッセンス

メス
4歳

ぺちゃ鼻＆ふさふさヘアの、紳士キラー

　ヴァレンティーナが保護されたのは、約2年前のこと。「当時隣にあったレストランの地下の厨房で飼われていた猫なの。レストランがなくなり、猫だけが残された。それをこの店のマネージャーが保護したのよ」。そう教えてくれたのは、店員のCathy（キャシー）さん。ヴァレンティーナは、キッチンのねずみよけとして働かされる、元キッチンキャット。あまり良い住環境ではなかったようで「当時はすごく痩せていて、とってもおびえていたのよ」（キャシーさん）。今はこの店の従業員たちに手厚く面倒を見てもらい、ふくよかで健康そのものです。

ヴィンテージの洋服やコスチューム、雑貨などがにぎやかに並ぶ店で、看板猫をしています

Reminiscence
住所　74 5th Ave.
　　　(bet. W 13th St. & W 14th St.)
TEL　212-243-2292
営業時間　11:00〜20:00
　　　　　日12:00〜19:00
reminiscence.com

The secret to living is giving.

「生きることの極意は、与えること。」
(アンソニー・ロビンズ／コーチ&作家)

1「ヴァレンティーナは、ちょっぴりペルシャ猫の血が入ってるの。だから鼻がぺちゃんこでしょ」(キャシーさん) 2 用心深い(特に女性には)ヴァレンティーナをエサで釣るキャシーさん

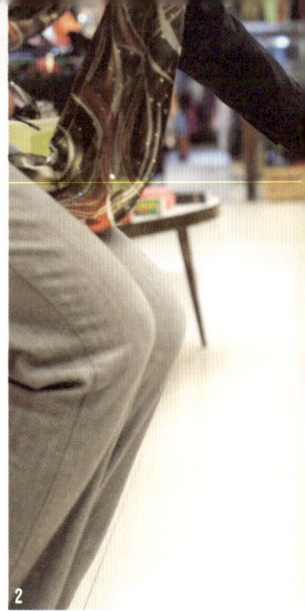

ヴァレンティーナは一旦ショーウィンドウに入ると、なかなか出てきてくれないのです

3 窓の外に犬が通ると、窓越しに戦いを挑むこともあるとか 4 ショーウィンドウの中でのびのび過ごす、ヴァレンティーナ 5 タキシードキャット好きから熱視線。ぺちゃ顔&ふさ毛の珍種です

AREA ▶ マンハッタン／グリニッジヴィレッジ　069

店の奥のゴハン場所に向かってのしのし歩く。
ふさふさの尻尾がチャームポイント

　ヴァレンティーナはシャイなため、一人になれる店先のウィンドウがお気に入り。「でも男性のお客さんが来るとフロアに出てくるの。たぶん昔飼われていたキッチンが、男性ばかりだったんだと思うわ」(キャシーさん)。その言葉どおり、紳士の来客に気がつくやいなや、ヴァレンティーナがすり寄っていくではないですか。この店に保護されるまで、彼女がどんな日々を過ごしていたかは知る由もないけれど、きっとキッチンの男性たちと良き思い出があったんだろうなと願いつつ、「またね」とショーウィンドウの寝顔に手を振ったのでした。

VALENTINA

There must be more to life than having everything.

「人生には、
モノよりもっと大事なことがある。」
（モーリス・センダック／絵本作家）

AREA マンハッタン/リトルイタリー　071

PANCHO
パンチョ

駐車場
395 PARKING CORPORATION
395パーキングコーポレーション

オス
年齢不詳

孤高の駐車場猫。
でも根は弱気で甘えん坊

　週末ともなると、人も車もひっきりなし。ファッションのお店から、人気のレストランまでが軒を連ねるリトルイタリーエリアに、黒猫のオス、パンチョは暮らしています。彼の住処は、ショップではなく青空駐車場。「生まれも育ちも駐車場。名前の由来はよくわからないよ」とはスタッフの男性。謎多きパンチョは、車の往来にも動じず、駐車場内を自由自在に動きまわり、疲れたらごろりお昼寝。ゴハンは駐車場のスタッフが、おやつは近所に暮らす人間のガールフレンドたちが与えてくれるので、食いっぱぐれなし。なんとも幸せものです。

「めしくれ〜」。名前を呼ぶと、応えるパンチョ

散歩途中の犬に食事を奪われるという、まさかのアクシデント。車の陰からいまいましく見つめる弱気なパンチョ

1 孤独なアウトローと思いきや、顔をなでると全体重で寄り添ってくる、アマアマなヤツ　2 駐車された車の間をぬって、自在に往き来するパンチョ。交通安全でね　3 夕食後「うんまかった〜」とベロリ　4 背中をなでられ、ピーン！　5 舌を出すのがクセみたい

395 Parking Corporation
住所　395 Broome St.
　　　(at Centre Market Pl.)
TEL　212-226-9797
営業時間　24時間

COLUMN 3

ニューヨーク
初の猫カフェ

MEOW PARLOUR
ミャオ・パーラー

場所はロウワーイーストサイド。
予約はウェブから可能です

Meow Parlour
住所 　46 Hester St.
　　　　(bet.Ludlow St. & Essex St.)
営業時間　月火木12:00〜20:00
　　　　　金〜21:00
　　　　　土11:00〜21:00
　　　　　日11:00〜20:00　水休
meowparlour.com

待望の猫カフェ1号店
ただ今、予約殺到中!

　なんと2ヶ月先まで予約がいっぱい。星付きレストランよりもハードルが高いのでは? と噂されているのがここ、NY初の猫カフェ、ミャオ・パーラーです。カラフルなマカロンで知られるNY発のベーカリー、Macaron Parlour（マカロン・パーラー）のヘッドパティシエChristina（クリスティナ）さんと、世界中の猫カフェを巡った経験のあるEmilie（エミリー）さんの女性ふたりが、2014年末にオープン。猫のレスキューグループと提携しているため、店で暮らす常時10〜15匹の猫たちは、いずれも保護猫で譲渡可能です。

カフェの入場料は、30分4ドル。「靴を脱いで、手をきちんと消毒してから入ってニャ」

こうやって膝の上で、ただおとなしくなでられている猫もいます

ボランティア運営による猫のレスキューグループKitty Kindと提携。里親希望の人は、申し込み後に家庭訪問などを経る必要あり。しっかりした譲渡が行われています

猫の好奇心をそそる家具やおもちゃがわんさか。
どんな猫も大はしゃぎ間違いなし

🐈 MEOW PARLOUR

猫カフェ歴の浅いウブなかわいこちゃんたちでいっぱいの店内

猫がたくさん、しかもみんな活発に動くので、本当に撮影が大変でした

　ただ猫と遊べるだけではなく、気に入った猫を家族として迎えることができるほか、里親希望の人が、カフェで猫と触れ合いながら事前に相性をチェックできるのもいいところ。さらに、キッズタイムが設けられているのも、この店ならでは。10歳以下の子どもが大人同伴で参加でき、どうやって猫を抱いたらいいのかといったレクチャーや、猫と触れ合うためのアクティビティなどが用意されているそう。猫という動物とどう出会い、どう付き合うべきなのか。子どもから大人までが、しっかり学べる場でもあるのです。

075

窓際の猫たちに、道行く
人も思わず立ち止まる。
なんて優秀な看板猫！

おみやげに、オリジナ
ルのTシャツ（28ドル）
が人気。猫の表情がな
んともいい感じ

ドリンク＆スイーツは、
近所の系列カフェから

猫カフェといいながら、実はNYの法律上カフ
ェは併設しておらず、徒歩すぐの場所にある系
列店のMeow Parlour Patisserieで飲み物や
スイーツを購入＆持ち込み、または出前するシ
ステム。猫の顔をしたオリジナルマカロンなど、
猫カフェならではのお菓子が楽しめます。

住所　　34 Ludlow St.(bet.Hester St. & Grand St.)
営業時間　月火木日11:45〜19:15　金〜20:15
　　　　　土11:00〜20:15　水休

1 MIMI
ミミ

勤務先：ブルックリン・グリーンポイント

名前を呼ぶと、しゃがれ声で「んみゃ〜」と返事をしながら寄ってくるミミ。夕方の繁忙時はレジの上に乗って、お客さんをしっかり見張るのが仕事です。

8 Cutest Deli & Bodega Cats in NY
今日もどこかで、デリ猫詣で。

2 SAMMY
サミー

勤務先：
マンハッタン・チェルシー

人にも犬にも優しい、その穏やかな性格が顔ににじみ出ている老猫のサミー（15歳には見えない若々しさ!）。カウンターの中に寝転び、日がな一日過ごしています。

3
KETCHUP
ケチャップ

勤務先：ブルックリン・ベッドスタイ

フレンチフライ好きのオーナーが名付け親。鼻の横にマスタードも付いてるよ！ と言いたくなるファニーフェイスで、たまに床に転がりお腹も見せちゃいます。

　街のあちこちにある、小さなデリ（新聞から食品、日用品までを扱う店。Bodega/ボデガとも呼ばれます）には、ねずみよけの猫が飼われていることが多く、それらはデリキャットやボデガキャットと呼ばれ、街の猫好きたちに愛されています。もちろん私も、愛好家のひとり。お気に入りの猫がいるデリへわざわざ買い物に出かけたり、初めて訪れたエリアでは、必ずデリを覗いて猫探しをしたり…。食品棚で堂々と昼寝をし、売り物の野菜や果物に頬をスリスリし、レジや棚の上からお客さんをぎろりと見張る。そんなやりたい放題のデリキャットたちに、今日も夢中です。

4
MARS
マーズ

勤務先：ブルックリン・キャロルガーデン

店先に並べられた色とりどりの植物に紛れて、売り子を務める看板猫。接客に疲れたら、トマトやバナナの箱に埋もれて、ひたすら昼寝をします。

5
NABI
ナビ

勤務先：ブルックリン・ウィリアムズバーグ

ナビとリンドという2匹の猫が暮らすデリ。この日、リンドはレジ上の寝床で爆睡中。ナビは商品棚の上に陣取り、監視カメラとして稼働中。ご苦労さまです！

6

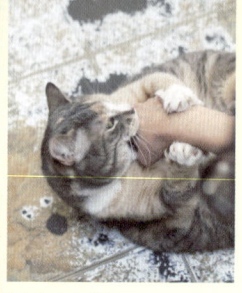

MARICO
マリコ

勤務先：
マンハッタン・イーストヴィレッジ

店主曰く16歳と高齢のマリコという日本名を持つ猫は、日本とは縁もゆかりもない看板猫。ちょっかいを出そうとする手にじゃれつき、よく遊びます。

7

MINI
ミニ

勤務先：
マンハッタン・アッパーイーストサイド

お客さん数人が店内に入ってくると、びくっと驚き、定位置の箱に走り戻るビビリなカスケードキャット。「たまに噛むから注意してね！」とは店のお兄さん。

8

PARIS
パリス

勤務先：
マンハッタン・アッパーイーストサイド

売り物だろうがお構いなし、雑誌の上に無邪気に座って愛想を振りまく7歳の黒猫。とにかくフレンドリーで、近隣の人たちから可愛がられています。

BROOKLYN
ブルックリン

イーストリバーを挟んだ、マンハッタンの東側。
摩天楼とは対照的に、
のどかでゆっくりとした時間の流れるブルックリンには、
広い庭付き店舗で贅沢に暮らす猫なんかもいます。

1

2

AREA ブルックリン/パークスロープ

TINY
タイニー

本屋
COMMUNITY BOOKSTORE
コミュニティ・ブックストア

オス
6歳

書店のアイドル。でも子どもと犬は苦手です

　すっかり体の大きなオス猫なのに、名前はタイニー（小さなという意味）。それがコミュニティ・ブックストアの看板猫です。事の発端は2009年初夏のこと。店のドアの前に数匹の子猫が置き去りにされていました。「店のオーナーが野良の動物を保護しているという噂を聞きつけ、誰かが置いたのでしょう。すぐに子猫たちの飼い主を探し、譲ったそうですが、一番体が小さく、弱々しい子猫だけは、店で引き取ることに。それがタイニーです。その後、私がタイニーごと店を引き継ぎました」。そう話すのは、現オーナーのEzra（エズラ）さん。

Knowledge is power.

「知識は力。」
（フランシス・ベーコン／哲学者）

1 見よ、この素晴らしい笑顔。さすが街のアイドル猫　2 でも子どもは嫌い。興味津々なキッズに対して、ご覧の表情

Community Bookstore
住所　143 7th Ave.
　　　(bet. Carroll St. & Garfield Pl.)
TEL　718-783-3075
営業時間　9:00〜21:00　日〜20:00
communitybookstore.net

TINY

本の上が大好き。最近のお気に入り本は「Lapham's Quarterly」という文芸誌

　近所の人々にとってこの店は、地域のコミュニティ的存在。そこで看板猫を務めるタイニーは、ちょっと知られた街の顔です。そんな街のアイドルにも苦手なものが…。「子どもが嫌い。近づいてくると猫パンチします」(エズラさん)。そして常連客の愛犬、ジャーマンシェパードのMaggie (マギー)。優しい犬で、みんなの人気者。でもタイニーは大の苦手。ある時、マギーを連れずに常連客が訪れたときも、タイニーは〝どこかにマギーが隠れている″と疑い、にらみをきかせていたとか。タイニー、お客さまにパンチしたり、にらんだりするのはやめましょうね。

AREA ブルックリン／パークスロープ 083

1 ちなみにTwitterアカウント持ってます　@TinytheUsurper
2 6時半の夕食時が近づくと、機嫌が悪くなるので注意

I awoke one morning and found myself famous.

「ある朝目覚めたら、
私は有名になっていた」
(ジョージ・ゴードン・
バイロン／詩人)

TINY

BEAUTY
ビューティー

花屋
WORLD OF FLOWERS
ワールド・オブ・フラワーズ

メス
15歳

花屋の猫小屋で暮らす、男爵髭のかわいこちゃん

　黒い丸顔に白い男爵髭をたくわえた看板猫、その名もビューティーが暮らすのは花屋さん。普段はオーナー手づくりの猫小屋の中でぐーすか眠り、気が向けば重い体を揺らして店内をのっそりパトロール。「こう見えて気が強いんだよ。お客さんのことを引っ掻こうとするしね」とオーナー。「それは困りましたね。まだ若いから、やんちゃなのかな」とつぶやいた私に「若くないよ。もう15歳は超えてるよ！」と驚愕の事実が判明。加齢による体の衰えを感じさせない丸々ふくよかな姿と、その純粋無垢な瞳に、すっかり騙されてしまいました。

「止まない雨はない。」
（ルイーザ・メイ・オルコット／作家）

There is always light behind the clouds.

1「なんか用?」オーナー自作の犬小屋ならぬ猫小屋から顔を出し様子をうかがうビューティー　2 優しい男性のお客さんは、引っ掻きません　3 人間だったら80歳超え。でも、このかわいさ!

World of Flowers
住所　971 Manhattan Ave. (at. India St.)
TEL　718-349-8631
営業時間　10:00～17:00　日休

Masterpieces are only lucky attempts.

「傑作は偶然の産物。」
（ジョルジュ・サンド／作家）

Brooklyn Homebrew
※残念ながら2015年夏に閉店しました

MARIS
マリス

自家醸造専門店
BROOKLYN HOMEBREW
ブルックリン・ホームブリュー

メス
5歳

AREA ブルックリン/サウススロープ　087

1「で、どんなビール作りたいわけ？」。カウンターでお客さんをお出迎え　2「あんたもビール好きねえ」

ビール作りたい？　店案内は私にまかせて

「はい、どうも。いらっしゃい」。カウンターの上に座ってお客さんを迎えるのは、自家製ビール醸造用の材料などをそろえる専門店、ブルックリン・ホームブリューの看板猫、マリス。以前働いていた従業員が、どこからか保護してきたというマリスは、天井の高い広大なロフトタイプの店を縦横無尽に動きまわり暮らしているそう。「お客さんには、とにかくスーパーフレンドリー。犬が来ても問題ないよ」とは、従業員のTim（ティム）さん。「ところでビール飲む？ 店で作ったピルスナーがあるよ」ということで、私たち人間はビールをいただき、ご機嫌に。

ちなみに今、ニューヨークではクラフトビールが流行中。小さなビールメーカーによる、少量生産の個性的なビールを飲んだり、あるいは自分で作ったりして楽しむ人が急増しているのです。そんなわけで、自家製ビール用のツールや材料を扱うこの店には、週末ともなると次々に人が訪れ、看板猫兼案内役のマリスは、店内をあちらへ、こちらへと大忙し。「でも残念ながら、マリスはビールが好きじゃないんだよね」と嘆くティムさん。こんなに美味しいのになあ…本当に残念だ。猫もいつの日か、ビールが飲めたらいいのにね。

AREA ブルックリン／サウススロープ　089

1「いらっしゃい」。奥からのそのそとマリスが登場　2「ここから先は入らないでね」　3「これが醸造用のホースね。それにしても頭かゆいわ〜」。　4「お会計はこちらでお願いね」。スタッフのティムさん曰く「ビール工場には猫がつきもの」。ねずみよけのため猫が飼われているとか　5「ボトルはこっちね」　6「ビールのフレーバーに、ハーブやスパイスを使います。ここで好きに探しといて〜」　7「この先は倉庫。私の寝床もこっちよ」。ちなみにマリスの名前は、ビール醸造用の麦の名前から

MARIS

「何事も成功するまでは
不可能に思えるものだ。」
（ネルソン・マンデラ／
南アフリカ共和国第8代大統領）

It always seems
impossible until
it's done

1 あら、よっと。店のオーナー・ブライアンさんの作業机で、大股開いて毛づくろい　2 黒い唇がチャームポイントのランドシャーク　3&4 撮影中だろうが、もりもり食べて、ごくごく水を飲む。マイペースな性格です　5 カフェのカウンターで口を開けて爆睡。その姿を見ていると、心が和みます

LAND SHARK
ランドシャーク

自転車屋&カフェ・バー
RED LANTERN BICYCLES
レッド・ランターン・バイシクルズ

オス
5歳

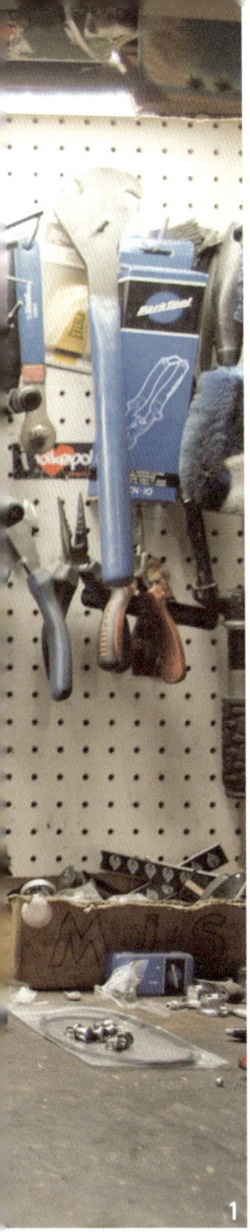

AREA　ブルックリン／フォートグリーン　091

Red Lantern Bicycles
住所　345 Myrtle Ave.
　　　(bet. Carlton Ave. & Adelphi St.)
TEL　347-889-5338
営業時間　9:00〜21:00
redlanternbicycles.com

カフェと自転車屋、2つの売り場をかけ持ち

　入り口の手前はカフェ&バー、その奥は自転車売り場とメンテナンススペースというこの店。看板猫がいると聞きつけ、お茶を飲みながら登場を待っていると、ほどなくしてやってきたのは、奥からひょこひょこと歩いてくる猫、その名はランドシャーク。カフェカウンターでごろりと寝ころび、お客さんになでられ爆睡。口を半開きにして、この上なく気持ち良さそうな表情。夕方になり日が陰ると、カウンターから下りて、カフェにいる赤ちゃん連れのお客さんのバギーへ一直線。その中へするりと潜り込み、寝てしまいました。なんて自由すぎる猫なんだ…。

AREA ブルックリン／フォートグリーン

LAND SHARK

Living is not breathing but doing.

「生きるとは、呼吸することではない。
行動することだ。」
（ジャン・ジャック・ルソー／哲学者）

「この店を開いたとき、あたりに野良猫がいっぱいいたんだ。プジョー、ソーマ、1匹ずつに自転車の名前をつけたんだけど、いつの間にかいなくなってしまって。このランドシャークだけが残ったんだ」とは、オーナーのBrian（ブライアン）さん。ちなみにランドシャークとは、アメリカオレゴン州の自転車メーカー。さすが自転車名を持つ猫だけあって、ランドシャークは自転車好き。修理用のいかつい工具が並ぶブライアンさんの作業台でゴハンを食べ、大股を開いて毛づくろいをするという余裕っぷり。自転車の荷台に乗るのも好きなのだそうです。

Do the right thing.

「君が正しいと思うことをしなよ。」
（スパイク・リー／映画監督）

LAND SHARK

飲みものをオーダーしない人（私たち）をにらむランドシャーク…

1 ブライアンさんに背中をなでられご満悦　2 店員やお客さんには、シャークやシャーキーの愛称で親しまれています

COLUMN 4
ブルックリンの家猫

ZIGGY
ジギー

オス
6歳

飼い主：Vivian Ching（ヴィヴィアン・チン）さん
（会社員）
住まい：キャロルガーデン

ジギーは、ドールフェイスと呼ばれる美形のペルシャ猫。リードを付けてお散歩に出かけます

近所の公園の芝生で、もぐもぐ草を食べるのが大好き。公園のみんなから注目の的

カフェや公園を巡って
お散歩するのが趣味です

　ハロー、ジギーです。僕の趣味は、ママと一緒に近所を散歩すること。毎日仕事で忙しいママが、僕の運動不足を解消しようとアパートの屋上や近所で遊ばせてくれたのがきっかけ。毎週末ママと一緒に散歩して、カフェの店先のベンチに座って道行く人を観察するのが楽しみなんだ。おかげで僕は、すっかり近所でも有名なお散歩猫なんだよ。ところで、これは内緒なんだけど、実は僕、デアデビルなんだ（夜になると、昼間の姿を隠して街へ繰り出し悪と戦う、アメリカ生まれのコミックヒーロー）。

カフェの店先にあるベンチに座って、人間観察。いつもお気に入りのバッグの上に座ります

ぼかぼかのベンチに座って、いつの間にか、うとうと…

よっこらしょ、とママに抱かれて、いざお散歩へ出発！

ZIGGY

「暑いから、もう家に帰ろうよー」。飼い主のヴィヴィアンさんに訴えるジギー

立派な階段を有した、美しい家々が並ぶキャロルガーデンの街を散策

この前の深夜も、ママが遊びに出かけた隙に、2階の部屋の窓から道路へさっと飛び下りたんだけど、運悪くママのルームメイトに見つかっちゃって、すぐに連れ戻されちゃった。家に戻ったママに、そりゃあもう、ものすごく怒られたよね。"あんた、デアデビルになる気なの?"なんて言われちゃって。まあ、僕がデアデビルなんていうのは冗談で、本当は夜も外で遊びたかっただけなんだけどね。それ以来、僕の首には鈴付き（なんと2個も!）の首輪が付けられて、ひとり勝手に外出するのは難しくなっちゃった。

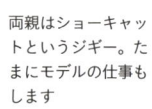

ジギーの名前の由来は、ヴィヴィアンさんがファンだというデヴィッド・ボウイの曲「Ziggy Stardust」から

両親はショーキャットというジギー。たまにモデルの仕事もします

097

くちゃくちゃ、もぐもぐ、芝生に生える草を食べ続けるジギー。この後すべて地面にリリースしました…

ペットショップで一度購入された後に返品されてしまったジギー。その後ヴィヴィアンさんの元へやってきました

近所の子どもたちの人気者。「がまん、がまん…」。じっと静かになでられています

098 AREA ブルックリン／グリーンポイント

KOBE & CC
コービー & シーシー

ペットショップ
ANIMAL PLANET
アニマルプラネット

コービー	シーシー
オス 6歳	オス 5歳半

何やら密談する怪しい2匹。
悪だくみは禁物ですよ

「ワオ！ ジャイアントキャットがいる！」通りすがりの人が、思わず声をあげるこちらの猫は、体重9キロのオス猫シーシー。野性動物かと目を疑うぐらい、猫離れしたたくましく大きな体つきです。この店にはもう1匹、コービーと呼ばれる猫もいて、レジ裏の箱のなかで2匹仲良く並んでお昼寝が日課。「でも性格は正反対。シーシーは活発で、店の外に出て探検するほど。コービーは臆病で、とっても静かな猫なんだ」とはオーナーのMoe（ムー）さん。正反対な性格ゆえか、不思議とウマの合う二匹。肩を組んでひそひそ密談していた姿が印象的でした。

コービーの肩に手を回し、耳元で何やら囁くシーシー。作戦会議ですか？

こちらが体重9キロのシーシー。野性動物みたいな体つきです

控えめな性格、凛々しい顔のコービー

Control your destiny, or someone else will.

「誰かにとやかく言われる前に、自分で己の運命を切り開け。」
（ジャック・ウェルチ／実業家）

1 そそくさと寝床へ戻るコービー　**2** 開け放たれたドアから外へ出て、その巨体で道行く人を驚かせるシーシー。たまに外泊もするという、やんちゃな男子です

犬用のおやつに頬をすりすり。「こいつは俺のもんだぜ」

Animal Planet
住所　1084 Manhattan Ave.
　　　(bet. Dupont St. & Eagle St.)
TEL　718-349-0602
営業時間　9:00〜21:00

MOSHMOSH & TIGER & FELEH
モシモシ & タイガー & フィッレ

食材屋
ORIENTAL PASTRY & GROCERY
オリエンタル・ペーストリー & グローサリー

モシモシ	タイガー	フィッレ
オス 4歳	オス 4歳	メス 15歳

3匹の猫と食材屋店主の、ほのぼのとした日々

　初めてこの店の猫と遭遇したときの衝撃は、今でも覚えています。アラブ系食材屋の店先に、小さな牛がいるかと本気で思ったくらい、牛のような柄をした白黒の猫。しかも額には「子連れ狼」の大五郎みたいな、ハの字の前髪模様がくっきり。店の人に名前を尋ねれば「モシモシ」との答え。「わあ、日本語できるんですねぇ。電話のね。モシモシ。そうじゃなくて、猫の名前を教えてください」(私)。「猫の名前でしょ？ モシモシ。アラビア語でアプリコットの意味だよ」(店の人)。なんなんだ、顔も面白ければ、名前も面白い！　それが出会いでした。

AREA ブルックリン/コブルヒル 101

前髪猫のモシモシは、1か月に一度は顔が見たくなる、不思議な魅力の持ち主。どすのきいた表情もいい

手前のぽっちゃり猫は、メス猫のフィッレ。店主ゲイリーさんからの寵愛をたっぷり受け、腹出し、幸福の絶頂状態

Peace begins with a smile.

「平和は笑顔から始まる。」
（マザー・テレサ／修道女）

甘えん坊のフィッレは、お客さんに対してもとってもフレンドリー

Oriental Pastry & Grocery
住所　170 Atlantic Ave.
　　　(bet. Clinton St. & Court St.)
TEL　718-875-7687
営業時間　10:00〜20:30

Life is just a bag of tricks.

「人生は、驚きの連続だよ。」
(マンガ「フィリックス・ザ・キャット」より)

体の大きなタイガー。子猫のときに道路でレスキューされました

MOSHMOSH & TIGER & FELEH

フィッレお得意の横座り。体が重いんだから仕方ない

　撮影のため店を再訪し、オーナーのGary（ゲイリー）さんにご挨拶。すると突然「Tiger!!」と大声で店の奥に呼びかけるゲイリーさん。のそ、のそ、のそっ。なんと3匹の猫が登場。この店、看板猫が3匹もいたのです。一番の古株は、メス猫のフィッレ。前述のモシモシは、4歳のオス。タイガーも同じく。3匹ともゲイリーさんが大好きで、ゲイリーさんが店の入り口に立つと、「私をなでて」「いや俺が先だ」と、競って甘えるのが常。ゲイリーさんもまんざらではない様子。そんな店主と3匹のほのぼのした物語が日々繰り広げられているのでした。

AREA ブルックリン／コブルヒル　103

3匹が店先に居並ぶの図。
それぞれの脚の投げ出し
っぷりに注目

自分もゲイリーさんになで
られたいフィッレ。「いい
だろ、へっへ」(モシモシ)。
「ふんっ」(フィッレ)

MOSHMOSH & TIGER & FELEH

おもむろに商品棚に潜りこむモシモシ

歩道の真ん中にどっかり座り、にらみをきかすシバ。さすがクイーンの貫禄。人間たちが避けて歩きます

SHEBA
シバ

売店

PARK SLOPE CANDY SHOP
パークスロープ・キャンディショップ

メス
15歳

AREA ブルックリン/パークスロープ 105

Love the life you live.
Live the life you love.

「自分の人生を愛せ。
自分が愛する人生を生きろ。」
(ボブ・マーリー/ミュージシャン)

Park Slope Candy Shop
住所　95 7th Ave.
　　　(at Union St.)
TEL　718-783-8100
営業時間　5:00~23:00

猫アベニューに堂々君臨する、女王猫

　コミュニティブックストア（P80）のある通りは、猫アベニュー（と、勝手に命名）。すぐ隣のデリに1匹、通りを挟んだ北側にあるコピーセンターに2匹、さらに1ブロックほど北上したところにもう1匹と、猫好きにはたまらない地帯です。北側の売店にいるのが、タキシードキャットのシバ。お客さんがドアを開けるタイミングを見計らい、店の中と外を自在に往来し、通りを好き勝手にうろうろ。小さい体ながら、大嫌いな犬が通りかかると、果敢に向かっていくという、向こう見ずで強気な性格で、別名クイーンと呼ばれています。

生後2週間の頃。下の写真は、さらにその約1カ月後。子猫たち、すくすく成長しています

To love is to stop comparing.

「愛することは、比べることをやめること。」
(メリット・マーロイ／作家)

AREA ブルックリン/コブルヒル

KIMI & AMBER & KITTENS
キミ & アンバー & 子猫たち

食材屋
MALKO BROTHERS CO.
マルコ・ブラザーズ・カンパニー

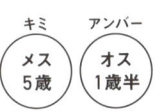

キミ メス 5歳
アンバー オス 1歳半

兄弟店主と猫たち。食材屋のひとつ屋根の下

あれ？ オリエンタル・ペーストリー（P100）の取材を終えた帰り道、すぐ隣の店先にも黒い猫が。猫の撮影をお願いしたら「もちろん」と笑顔のオーナー。ここは、Malko（マルコ）さんとAbraham（アブラハム）さんの兄弟が営む食材店で、ふと足元を見れば、黒猫のほかにベージュ柄の猫も。そう、この店の看板猫は、オスのアンバーとメスのキミの2匹。「ちょっと待って」とアブラハムさんが、何やら奥でごそごそ。「ほら」と差し出してくれたのは、なんと小さな子猫たち!! アンバーとキミは夫婦猫で、2週間前に子猫が生まれたばかりだといいます。

1 お父さん猫のアンバー。クールな性格です
2 人懐っこい性格の、お母さん猫キミ。隙を見ては、マルコさんにすりすり

Malko Brothers Co.
住所　174 Atlantic Ave.
　　　(bet. Clinton St. & Court St.)
TEL　718-834-0845
営業時間　10:00〜20:30

> Every day is a new day.

「毎日が新しい始まり。」
(アーネスト・ヘミングウェイ／作家)

 生まれた子猫は4匹。ねずみみたいに体が小さくて、まだ目も完全に開いていない。ほわほわで、とろけそうなほどかわいい…。思わず子猫に近づき過ぎたら、ママ猫のキミに「シャーッ!」と怒られました。ごめんね…。子猫を奥の安全な場所へ移動し、しばしマルコさんと世間話。すると、安心したキミがマルコさんの足もとへすり寄ってきました。そんなキミに優しく応えるマルコさん。それはそれは愛おしそうにキミをなでるその姿を見て、猫と人間の絆、兄弟愛と家族愛。このお店のいろんなあれこれを思い、心がじんわり、温かくなったのでした。

AREA ブルックリン／コブルヒル 109

1 乾物、ドライフルーツ、オリーブなど、おいしそうな食材が並ぶ店内　2 私たちが子猫に近づき過ぎたため怒るキミ。母は強し　3 愛おしそうにキミをなでる、マルコさんの姿にジーン…　4「ひゃあ〜、気持ちええ〜」（キミ）　5 店案内はキミの担当です

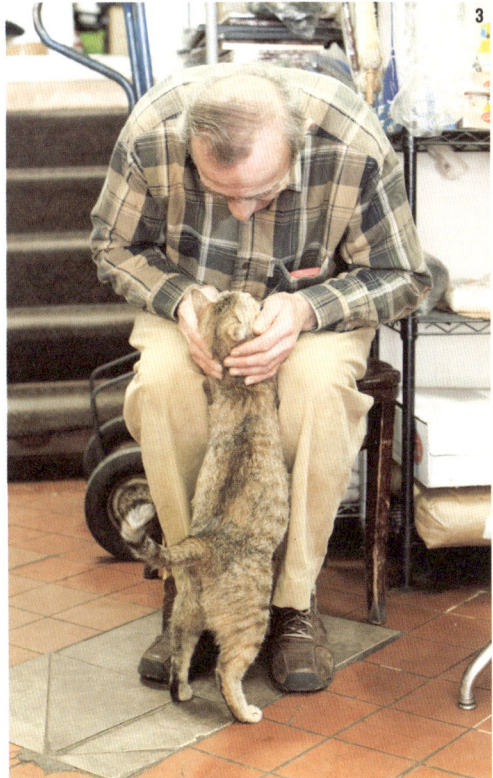

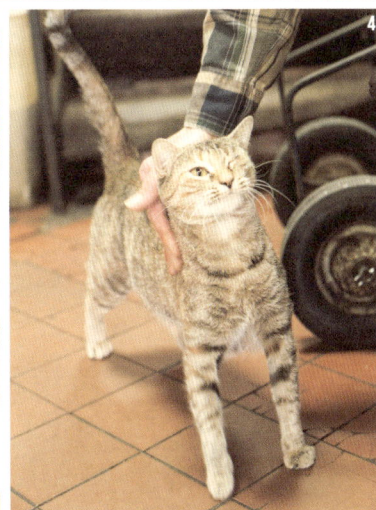

KIMI & AMBER & KITTENS

AREA ブルックリン/ウィリアムズバーグ

SALEM & MINNIE
セーラム & ミニー

ペットショップ
NYC PET
ニューヨークペット

セーラム
オス
2歳

ミニー
メス
3歳

接客に呼び込みにと、2匹で今日も大忙し

　公園近くに位置し、犬猫グッズを豊富に取りそろえるこちらのペットショップ。愛犬を連れて買い物に訪れる人も多いこの店で、店内をのしのしと闊歩する大型犬にもまったく動じずに、看板猫を務めているのが黒猫のセーラムと、グレー系サビ柄猫のミニーの2匹です。セーラムもミニーも、穏やかで人懐っこい性格。ある時はレジの上で接客をし、ある時は棚の頂上から店内をぎろりと監視、そしてある時はドア先でお客さまの呼び込みもするという、看板猫の鏡。実はほとんどの時間を商品棚での昼寝に費やしていることは、公然の秘密です。

> Things don't change.
> You change your way of looking, that's all.

「物事は変わらない。
物の見方を
変えるだけだ。」

1 好奇心旺盛な黒猫のセーラム。撮影にも積極的に参加　2 サビ柄猫のミニーが、ドアの前でお客さまを呼び込みます　3 頭上から感じる視線…「はっ！ミ、ミニー!?」顔が怖いですよ…

私に強制ハグされキスをせがまれるミニーの、この困り果てた顔

NYC Pet

住所　475B Driggs Ave.
　　　(bet. N 10th St. & N 11th St.)
TEL　718-218-7101
営業時間　9:00～20:00　土～19:00
　　　　　日11:00～18:00

nycpet.com

COLUMN 5
ブルックリンの家猫

CHARLIE PEPPER
チャーリー・ペッパー

メス
7歳

飼い主：Tobin Polk さん
　　　（Lofted Coffee オーナー）
住まい：ブシュウィック

小さな頃から旅をしてきた、冒険好きのシャム猫

　あれは私が、生まれて3カ月の頃のこと。飼い主でパートナーのトビンと、北カリフォルニアの森をハイキングしていたの。まだ少し雪の残る季節、月明かりだけが頼りの静かな夜。トビンとお互い名前を呼び合いながら、彼を追いかけ歩いていたわ。ふと足元を見たら、白い雪道があって、思わずそこに飛び乗ったんだけど、あまりの冷たさにびっくり。大急ぎで地面を目指してジャンプしたが最後、そこは真っ暗な湖だったってわけ。全身びしょ濡れ、もう命がけで岸まで泳いで、地面に這い上がった。そして、わんわん泣いた。

チャーリーは7歳のシャム猫。トビンさんとロードトリップをしたおかげでアウトドアもへっちゃら

ダークブラウンの顔に、ブルーの瞳という美形猫

トビンさんに投げてもらうのが大好き。くるりと一回転しソファに着地します

トビンさんが歩こうが仕事しようが、ものすごい
バランス感覚で肩の上に乗り続けるチャーリー

トビンさんはロフトの自宅に焙煎機を置き、
Lofted Coffeeという焙煎所を友人と営ん
でいる

「夜になると僕の前に座って、小さく
鳴いてから目を閉じるんだ。"ベッド
タイムよ"って」(トビンさん)

室内は、焙煎機でローストさ
れるコーヒー豆のいい香り

CHARLIE PEPPER

「アパートから逃げ出すのが好き。逃げるっていう
より、追いかけっこを楽しんでる。早く冒険に出か
けようよ、って尻尾で誘うんだ」(トビンさん)

自分の美しさを自覚しているチャー
リー。写真に撮られるのが好きで、
カメラの前でこのとおりポーズ

トビンはそんな私にごめんねって言いながら、急いで優しく体を拭いてくれた。少し落ち着いたら、思わずトビンと顔を見合わせて笑っちゃった。まだ毛が濡れていた私を、トビンは暖かいコートの中に抱きかかえて歩きだしたの。寒くてしばらく体が震えていたけど、すぐにぽかぽかになったわ。私はトビンに〝お願いだから、ハイキングを続けさせてよ〟って言ったの。そうして山小屋までの3マイルのハイキングを終えた。〝君は勇敢なチャンピオンだね〟って、トビンは私を褒めてくれたんだ。

朝日と共に目覚め、トビンさんの顔を叩いて起こします

常に猫と暮らしてきたというトビンさん。チャーリーは友人から譲り受けた一匹

「チャーリーは自分のことを人間だって思ってる」とトビンさん。人間の輪に加わって会話を楽しみ、「ちゃんと話を聞いて、目で返事をするんだよ」

BABY D
ベイビーディー

タトゥーショップ
EIGHT OF SWORDS TATTOO
エイト・オブ・スウォーズ・タトゥー

メス
2歳

お客さんを癒やす、ヒーリング猫としても活躍中

　ベイビーディーは生後8週間の頃、近所の地下倉庫から助け出され、このタトゥーショップへ。オーナーのDave（デイブ）さん曰く「僕はその頃、20年一緒に暮らした飼い猫を亡くしたばかりで、心の準備ができていなかった」。だったら店で飼えばいいじゃないか、というこ とで、晴れて看板猫に。「店に来たばかりの頃は、痩せていてかわいそうだったよ。でも今は、僕が特製フードを与えているからね。見てよ、この毛ヅヤ」。ターキーなどの新鮮な肉を骨ごとミンチにして与えているそう。「ビタミンもたっぷりさ」って、なんて幸せな猫なんだろう。

Be quick, but don't hurry.

「機敏に、でも決して慌てずに。」
（ジョン・ウッデン／バスケットプレイヤー&コーチ）

AREA ブルックリン/ウィリアムズバーグ 117

Eight of Swords Tattoo
住所　115 Grand St.
　　　(bet. Berry St. & Wythe Ave.)
TEL　718-387-9673
営業時間　12:00〜20:00　火休
8ofswords.com

定位置は、デイブさんの左肩。とっても居心地が良さそう

「だめだめだめ、椅子を引っ
掻いちゃ!」ベイビーディー
を優しく叱るデイブさん

118

Love is being stupid together.

「愛とは、一緒にバカになること。」
(ポール・ヴァレリー／作家)

BABY D

1 ベイビーディーの本名は、Amund Dietzel。どうやって読むのかもよく分からない謎の名前は、デイブさんが尊敬するタトゥーアーティストのもの 2 広い裏庭で、ぬくぬく日なたぼっこ 3 「こうやって、ひっくり返されて、お腹を上にするのが好きなんだ」(デイブさん)

「ベイビーディーは愛情深い半面、野性的な面もあって、鳥を捕まえるのが大好き。血だらけの鳥を口にくわえて、店内を走り回るから参ったよ。そのうちに、ぺろりと食べちゃった! しかも30秒でね!」(デイブさん)。店の奥には裏庭があり、鳥を捕まえたり、リスを追いかけたりと遊び放題。そんなベイビーディーも、デイブさんの腕の中では、とろんとした優しい表情に。辛い過去もあったけれど、今はこの上なく愛情深いデイブさんと強い絆で結ばれ、幸せに暮らしているんだね。猫と人間の関係って素晴らしいなあと、つくづく感じた取材でした。

AREA ブルックリン/ウィリアムズバーグ 119

「タトゥーショップのお客さんは、少しナーバスになっているからね。ベイビーディーがすり寄ったり、膝の上に乗ったりして、お客さんの緊張をほぐしてくれるんだ」(デイブさん)。ヒーリングキャットとしても日々活躍中です

窓際でお昼寝するベイビーディーのかわいい寝姿に、道行く人々が思わず足を止めます

BABY D

MEDECO
メディコ

> 鍵屋

5TH AVENUE KEY SHOP
フィフスアベニュー・キーショップ

オス
9か月歳

「未踏の海を航海するには
勇気が必要だ。」
(マンガ「ピーナッツ」より)

It takes courage to sail in uncharted waters.

犬が苦手な鍵屋の猫、お店デビューはまだ先です

　老舗の鍵屋さんのショーウィンドウで、ぐっすり寝ている姿をたびたび目撃されているのが、看板猫のメディコ。「メディコは、世界で一番頑丈な鍵メーカーの名前だよ」とは、この店で働き、猫の世話係も務めるNicky（ニッキー）さん。そんな手ごわい名前ならば、さぞ立派な番猫なのだろうと思いきや、「店のほうには出せないんだ。犬がダメだからね」とニッキーさんも苦笑。そんなわけで、私たちが会えるのは、ウィンドウ越しのメディコのみ。道行く人々を眺めたり、クッションの上で眠ったりするメディコを愛でることができます。

1&2 裏庭でニッキーさんと戯れるメディコ。「僕が仕事をしてると膝の上に乗って、お腹を出して寝ちゃうんだよ」 3 1924年創業の歴史ある鍵屋さん。ここにメディコがいたら絵になるだろうなあ。早くお店にデビューして欲しいものです

5th Avenue Key Shop
住所　295 9th St.(bet. 4th Ave. & 5th Ave.)
TEL　718-768-8643
営業時間　8:30〜17:30　土9:00〜15:00　日休

COLUMN 6

猫オタクたちが集う祭典

MEOW DAY
ミャオ・デイ

Meow Day

次回開催は、2015年10月11日（日）12:00〜17:00。
場所は3回目と同じく、ブルックリンの
Silent Barn (603 Bushwick Ave.)。
メーリングリスト (http://eepurl.com/bov7_T) に
登録すれば、イベント情報が届きます。

開催3回目は、たった1日で来場者数500人を
達成。入場料無料（寄付大歓迎!）

3&4 保護猫のケージが設けられた中庭。里親になりたい人は、その場で申し込みが可能。その後家庭訪問などを経て、譲渡完了となります　5 こんなかわいい子猫も里親募集中

1 カラフルな猫のドローイングを販売するアーティストNEON BODEGA CATS　2 猫の着ぐるみ姿でNYの街に出没し、その写真作品を販売しているSpace Cat。この日はステージ上で一緒に撮影が可能

保護猫の里親探しから
クラフト販売まで行います

　猫オタクの祭典があるらしい。そんな噂を聞きつけ、開催を待ちわびていたのが、このミャオ・デイです。アーティストたちが多く暮らす、ブシュウィックエリアのイベントスペースで年に2回開催し、今回（2015年5月）で3回目。会場内のブースでアーティストが、猫をテーマにした自作のクラフトを販売したり、猫のトリマーが実演したり、はたまた猫の着ぐるみをまとった愉快なアーティストとの撮影会があったり。訪れる人も猫柄の服や猫耳のカチューシャをまとい、まさに猫オタク大集合。文化祭感覚のゆるさ満点なイベントです。

初回は2〜3のブースのみだったイベントも、今回は17組が出店し大にぎわい

「あなたの猫を音楽で癒やします」という、キャットミュージックセラピストのKevin(ケビン)さん

　イベントの本来の目的は、地元で保護された猫の里親探しという至極まじめなもの。猫の保護活動を行うボランティア団体「A tail of two kitties」の協力のもと、この日は6匹の猫が会場に登場。譲渡申し込みを受け付けました。猫たちに温かい家庭を探すのはもちろん、猫の保護活動に少しでも多くの人の意識を向けること、またイベントの売上の一部が保護団体へ寄付されることから、楽しくお買いものすることで、猫とのより良い共存社会づくりに微力ながら参加できること。そうした作用も、このイベントにはあるのでした。

猫柄のスカートを履いているのは、猫好きな男の子。お父さんが猫アレルギーで猫を飼えないため、一家でイベントに参加

キャットグルーマー（猫のトリマー）のCarolyn（キャロリン）さんによる実演。ライオンカットのモデルを務めているのはペルシャ猫のSamo（サモ）くん

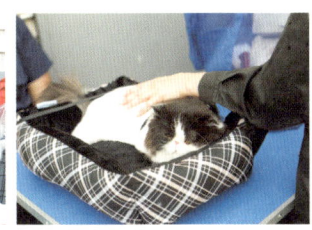

カラフルなペンで、猫柄のタトゥーアートを描いてくれるブースも

MEOW DAY

真剣なまなざしで猫を見つめる少年。いつの日か里親になれるといいね

イベント主催者のJackie（ジャッキー）さん（左）と、猫の保護を行う「A tail of two kitties」の主宰者Carissa（カリッサ）さん（右）

猫バカたちが、夢のあと。

　無類の猫好きであるカメラマンの松村優希さんと、看板猫を求めてニューヨーク中を駆け巡った半年間。残念ながら亡くなってしまった猫あり、カメラ嫌いで撮影がウルトラ困難な猫あり（アルゴンキンホテルのあの方です）、あるいは取材拒否の店あり、逆に思いもしない子猫との出会いがあったり、通りすがりの人から、超レアな猫情報が寄せられたり。まさに悲喜こもごも。悲しかったり、うれしかったり、どっと疲れたり、元気をもらったりの、山あり谷ありな撮影取材でした。なんとか無事撮影を終えたわれらふたり、ただ今、抜け殻のようになっています。

残念ながら、本書では紹介できなかった猫たちもいます。なかなかいいカットが撮れずに、泣く泣く掲載を見送った看板猫や、文章にするほどの猫ストーリーが取材できなかった猫たち。NYの看板猫本・第2弾が実現した暁には、ぜひ再取材を試みるつもりです！（懲りないわれら猫バカ）。

　最後に、看板猫の情報を寄せてくださった、友人知人のみなさま、この場を借りてお礼申し上げます。みなさんの情報がなければ、1冊の本にすることは不可能でした。本当にありがとうございました。

What greater gift than the love of a cat.

「猫の愛よりも、偉大なギフトがあるだろうか？」
（チャールズ・ディケンズ／作家）

仁平 綾　Aya Nihei

ニューヨーク・ブルックリン在住のライター・編集者。食べることと、猫をもふもふすることが趣味。愛猫は、タキシードキャットのミチコ。著書にブルックリンの私的ガイド本『BEST OF BROOKLYN』vol.01 & vol.02、共著に『ニューヨークレシピブック』(誠文堂新光社) がある。
http://www.bestofbrooklynbook.com

参考文献

『Be Brave Find Strength through Peanuts』Charles M. Schulz (Running Press)、『Garfield's twentieth anniversary collection』Jim Davis (Ballantine Books)、『The Other 637 Best Things Anybody Ever Said』Robert Byrne (Atheneum)、『The Quotable Quote Book』Merrit Malloy& Shauna Sorensen (Citadel Press)、Brainy Quote:http://www.brainyquote.com/、goodreads:http://www.goodreads.com/、Wikiquote:https://en.wikiquote.org/、癒しツアー:http://iyashitour.com/、名言+Quotes:http://meigen-ijin.com/

ニューヨークの看板猫
老舗ホテルから、レコードショップまで。
クールに、かわいく、のんきに暮らすNYの店猫44匹！

2015年9月4日　初版第1刷発行

著者　　仁平 綾

発行者　澤井聖一

発行所　株式会社エクスナレッジ
　　　　〒106-0032
　　　　東京都港区六本木7-2-26

　　　　問い合わせ先
　　　　編集　Fax：03-3403-1345
　　　　　　　info@xknowledge.co.jp
　　　　販売　Tel：03-3403-1321
　　　　　　　Fax：03-3403-1829

無断転載の禁止
本誌掲載記事 (本文、図表、イラストなど) を当社および著作権者の承諾なしに無断で転載 (翻訳、複写、データベースへの入力、インターネットでの掲載など) することを禁じます。